汉竹编著●亲亲乐读系列

儿童营养餐
一本就够

李宁
慧慧
主编

U0162186

江苏凤凰科学技术出版社
·南京·

前言

孩子都3岁了，为什么吃东西还不知道嚼？

一年四季气候变化那么大，给孩子做饭该怎样变化？

孩子出游，什么便当方便携带？

给孩子补锌吃些什么比较好？

……

会做的就那么多，孩子每到吃饭的时候又会出现各种问题。很多家长为了让孩子多吃点饭，真是伤透了脑筋。

营养师李宁和80后美食辣妈慧慧的强强联合，给你权威、实用的指导，为你解答孩子成长路上遇到的饮食问题，让孩子从此爱上吃饭。

全书近200道菜，隔着纸张都能闻到饭香。营养师推荐了适合孩子的主食、菜品、汤羹；助孩子健康成长的四季食谱；给孩子增强抵抗力的早中晚餐；还有孩子爱吃的烘焙、零食、便当……拥有这本书，妈妈再也不用为孩子吃饭发愁。

缺铁、缺锌、缺钙、感冒、过敏……孩子的日常小毛病，用"吃"就能解决，好妈妈就是孩子的私人营养师。

书中的语言都是以孩子的口吻来叙述，像孩子在跟妈妈对话。轻松的版式，简单的步骤，让你做出的每一顿饭菜都带着满满的爱意。

目录

第一章　给孩子做饭的原则

第二章

上桌率最高的儿童菜

第三章

孩子的四季营养餐桌

第四章

一日三餐，给孩子最佳营养搭配

第五章

孩子爱点，
妈妈爱做的
美味加餐

孩子爱吃的
零食加餐

周末烘焙
给宝贝

外出野餐，
便当随身带

第六章

功能食谱
助孩子茁壮
成长

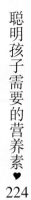

附录

聪明孩子需要的营养素 ♥ 224

第一章
给孩子做饭
的原则

孩子是天使，逗你笑、暖你心；但孩子有时也是小魔鬼，每到吃饭时，就出各种"幺蛾子"，挑食偏食、光吃零食不吃饭……爸爸妈妈经历九九八十一"难"，和孩子"斗智斗勇"，可还是不能解决这小魔头的吃饭问题，这怎么办？请你往下看。

常食鱼、禽、蛋、瘦肉

纯素的饮食模式不适合处于快速生长发育时期的儿童。儿童每天都应该摄入适量的优质蛋白，因为优质蛋白是维持孩子正常生长发育所必需的营养素。

几乎所有的动物性食物中都富含优质蛋白，而在植物性食物中，只有黄豆和黄豆制品中的蛋白质可以与动物蛋白媲美，但也不能完全代替动物性蛋白。

孩子可以每天吃1个鸡蛋、适量的畜类和禽类；每周吃2次鱼虾，但要保证质量；每周也可以吃1~2次动物内脏，1次不要超过50克。

小朋友看我的裙子多美啊，还可以给你跳舞，所以不要再拒绝我喽。

让"无肉不欢"的孩子爱上蔬菜

研究显示，随着孩子月龄的增加，挑食的比例也有所上升，其中不喜欢吃蔬菜的孩子人数最多，但蔬菜为孩子提供的营养素又是其他食物不能完全替代的，那如何让孩子爱上蔬菜呢？

让孩子熟悉各种蔬菜的味道：孩子5~8个月时是养成口味最为重要的时期，如果孩子从小就偏爱吃肉，不爱吃蔬菜，长大后就很可能不爱吃蔬菜。因此，培养孩子爱吃蔬菜的习惯要从添加辅食时开始。

调整进食顺序：孩子在饥饿的状态下比较容易接受所给的食物，因此对于不爱吃蔬菜的孩子，就餐时可以给孩子先吃蔬菜。

在食物制作上下功夫：从口味、颜色入手。另外，孩子的咀嚼能力有限，蔬菜一定要尽量切碎，否则孩子很难咀嚼和吞咽。

变换花样，耐心尝试：孩子不爱吃一种新添加的蔬菜时，千万不要灰心，可以隔2~3天再次尝试。因为，孩子接受新鲜事物需要过程，不可操之过急，强迫孩子进食可能会造成孩子对食物的厌恶。

家长示范，随时鼓励：父母为孩子做榜样，带头多吃蔬菜，并表现出很好吃的样子。不要在孩子面前议论自己不爱吃什么菜，什么菜不好吃之类的话题，以免对孩子产生误导。多跟孩子讲吃蔬菜的好处，如吃蔬菜可以使身体长得更结实、更健康，孩子吃了以后及时鼓励表扬。

和其他食物掺杂在一起：如果孩子一时不接受蔬菜，可以把蔬菜和其他食物掺在一起喂给孩子，暂时解决蔬菜摄入不够的问题，让蔬菜悄悄进入孩子的食谱中。

五谷杂粮都要吃

为孩子选择五谷杂粮是很有必要的。从营养角度来说，粗粮比精米精面中含有更多的维生素和矿物质；从健康角度来说，粗粮中的膳食纤维有助于孩子的排便；从生长发育角度来说，粗粮可以更好地锻炼孩子的咀嚼能力。

孩子8~9个月时就可以试着吃少量粗杂粮了，可以从比较容易咀嚼和消化的粗粮开始，然后随着年龄的增长，慢慢地增加，特别是各种带皮的豆类，如黄豆、红豆等。

2岁以下孩子的咀嚼和吞咽能力还没有发育成熟，吃整粒的豆子可能会噎到，也可能直接吞咽造成"整吃整拉"。所以豆子要煮软、弄碎，再喂给孩子吃。

另外，不要给孩子吃纯粗粮，可以按照合适的比例与精米或精面混合，这样不仅口感好，还更容易消化吸收。

从小到大，我将一直伴随着孩子们，一天不见就甚是想念呢。

牛奶每天不能少

一生莫断奶："断奶"指的是"断母乳"，绝对不是从此不再喝奶。断母乳后的孩子要使用配方奶或牛奶作为母乳的替代品，而且要一直喝下去，持续终生。所以有人提出"一生莫断奶"的口号。

牛奶的营养价值：牛奶中富含优质蛋白和钙，每100克牛奶中含蛋白质3克、钙104毫克，蛋白质可以从鸡、鸭、鱼、肉中获得，但要想为孩子提供足够的钙，则非牛奶莫属。

建议孩子每天牛奶的摄入量为：6~12个月，800毫升左右（配方奶）；12~18个月，700毫升左右；18~24个月，600毫升左右；2岁以后，400~600毫升。

对于孩子，水果不是多多益善

味道酸的水果中含有较多的果酸，对孩子的胃有一定的刺激。因此一开始应选择味道较淡或偏甜，吃起来较面的水果给孩子吃，如香蕉、苹果、蛇果等。随着孩子逐渐长大，可以选择的水果种类会越来越多。

水果中蛋白质和脂肪含量极低，孩子吃太多的水果会影响正常食物的摄入，从而减少蛋白质和脂肪的摄入量，影响孩子正常的生长发育。所以建议孩子每天的水果量在150~200克，也就是相当于一个中等大小苹果的量。

这些水果易过敏，孩子吃要注意

水果富含维生素C、钾、镁、可溶性膳食纤维等营养素，也含有一定量的碳水化合物、有机酸、天然植物香精等既健康又美味的物质，是很适合孩子选用的食物之一。

但是妈妈们在选择水果时，这些容易引发过敏的水果，如杧果、桃子、菠萝、柑橘、猕猴桃、杨桃等，可以先不给1岁以下的孩子食用，等孩子大些了，再试着食用这类水果。

烹调油是脂肪的主要来源

食物中脂肪的来源很多，鸡鸭鱼肉、蛋黄、全脂牛奶、黄豆、各种坚果中都含有一定量的脂肪。

脂肪的另一个重要来源是烹调油。不同的烹调油所含的脂肪种类各有特点，如橄榄油和油茶籽油中含有较多的单不饱和脂肪酸，主要为油酸；亚麻籽油及核桃油等油脂中含有较多的 α－亚麻酸；而玉米油、黄豆油中含有较多的多不饱和脂肪酸，如亚油酸等；花生油和香油中单不饱和脂肪酸和多不饱和脂肪酸的含量则介于橄榄油和玉米油之间。

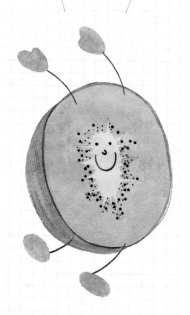

在吃之前，一定要看看孩子对我是否过敏。如果我还是硬硬的，可以把我和苹果放在一起，这样我会熟得快些。

年龄越小，脂肪需求量越大

人体对脂肪的需求量与年龄相关，年龄越小，对脂肪的相对需求量越大。举例来说，0~6个月的孩子每日脂肪提供的能量占总能量的比例为45%~50%；6~12个月为35%~40%；而成年人则为25%~30%。

脂肪酸对于孩子的正常生长发育来说是必不可少的。经常为孩子换一换烹调油的种类，可以保证脂肪酸的摄入均衡。

孩子的菜宜清淡少盐

年龄小的孩子肾脏发育尚未完善，如果摄入较多的食盐，会增加孩子肾脏的代谢负担。

过早地在孩子辅食中添加食盐、白糖等味道较重的调味品，会养成孩子重口味的饮食习惯，降低婴幼儿对天然口味食物的接受度，养成偏食和挑食、偏咸好甜的习惯，增加儿童期及成人期肥胖、糖尿病、高血压、心血管疾病的风险。

所以孩子的饮食一定要清淡。爸爸妈妈们在具体实施过程中可以按照以下原则：

♥1岁以内的孩子辅食中不添加任何的食盐和白糖。

♥1岁以后可加少量食盐，并随孩子年龄的增长逐渐放宽，但也应少于成年人的量，一直到孩子18岁，就可以按照营养学会建议的成年人的每日食盐量摄取了。

看我嫩绿的颜色，可不能放太多盐，不然我会失去本身的味道。

给孩子做饭最好不要放味精

味精和鸡精的主要成分都是谷氨酸钠。味精相对纯度较高，是以谷氨酸钠结晶的形式出现的；而鸡精则是在味精的基础上再添加其他物质，如糊精、白糖、核苷酸、食盐及鸡肉粉等混合而成。其中谷氨酸钠和核苷酸的作用类似，都是能产生"鲜"的原因。

谷氨酸钠对健康的影响一直有争论。20世纪60年代，有人在《新英格兰医学杂志》上发表了一篇短文，描述在中国餐馆吃饭时出现四肢发麻、悸动、浑身无力等症状，在西方引起了很大反应。有人把此症状命名为"味精综合征"，还有人称之为"中国餐馆综合征"。

但随后几十年进一步的研究认为，此类症状与味精没有直接关系，但这并不意味着孩子就可以吃味精和鸡精了。原因主要有两方面：

♥ 使用味精和鸡精会增加孩子的摄盐量。味精的主要成分为谷氨酸钠，虽然不是食盐，但含钠量可不算低，而鸡精中除了含有味精的成分外，还额外添加有食盐。

♥ 从孩子添加辅食后一直到3岁左右，都是口味养成的重要时期，如果此时养成孩子嗜食"鲜味"的饮食习惯，将来孩子可能会难以接受更加天然的原味食品。

所以，建议3岁以内孩子的菜肴中不要添加味精和鸡精。

西式快餐偶尔吃

西式快餐，我们通常也称它们为"洋快餐"。由于洋快餐餐厅环境整洁明快、气氛活泼，洋快餐具有方便快捷、口味时尚等特点，受到了年轻人、特别是孩子们的追捧。有些孩子把洋快餐作为家常便饭，三天两头地要求去吃。

虽然我和鸡精只有一字之差，但性质可不同，小朋友们还是吃我吧。

从营养和健康的角度来说,洋快餐要少吃

💛 绝大多数的洋快餐都较多使用油炸或烧烤的加工方式,如炸鸡块、烤鸡翅等;同时还有很多的甜品,如各种"派"、饮料、冰激凌、奶昔等,这些都属于高能量、高脂肪、高糖的食物。

💛 洋快餐中蔬菜很少,人体必需的各种维生素、矿物质和膳食纤维的含量都较低。经常或过量吃这类食物会造成孩子体重超标或肥胖,甚至造成血脂、血糖、血压超标,而且一旦孩子吃惯了洋快餐,就很难接受味道清淡的健康食物。

所以要想较好地控制住洋快餐,必须"从娃娃抓起",从小培养自家孩子良好的饮食习惯及口味,尽量少吃洋快餐,只把它们作为偶尔的调剂。

从某种角度,我也属于"快餐",想吃到健康的我,小朋友还是让妈妈自己做吧.

孩子"含饭",多半是不会咀嚼

相信很多家长会遇到这种情况,孩子在吃饭的时候喜欢把饭含在嘴里,不嚼也不咽,俗称"含饭"。

造成孩子养成"含饭"习惯的主要原因在于父母没有让孩子从小养成良好的饮食习惯,添加辅食的时间太晚,一直给孩子吃软烂的食物,导致孩子没有机会练习咀嚼能力引起的。

"含饭"对孩子生长发育会造成不良影响,吃饭太慢或太少,孩子得不到充足的营养,甚至会出现营养素缺乏的症状,导致生长发育迟缓。

对于"含饭"的孩子,爸爸妈妈不能大声呵斥,强行让孩子咽下去,这样只能让孩子更讨厌吃饭,要保持耐心,慢慢训练孩子的咀嚼能力。比如,找一个孩子的小伙伴,让孩子跟着其他小朋友学习怎样咀嚼,或者自己言传身教,和孩子一起吃饭时,给孩子示范咀嚼动作,让孩子更快地改正"含饭"的习惯。

别让零食影响孩子正餐

有些家长不让孩子吃零食，觉得零食既不健康又会影响孩子的正餐。那么零食究竟该不该吃呢？

中国营养学会最新发布的"学龄前儿童膳食指南"中是这样说的："零食对学龄前儿童是必要的，对补充所需营养有帮助。"

所以，对于孩子来说，吃零食既可以补充正餐摄入的不足，也可以为孩子带来童年的乐趣。希望孩子把零食吃得合理又健康，要注意以下几点：

零食的时间：在正餐前1.5~2小时，这样就不会影响正餐的摄入，同时也为孩子补充了能量和营养。

零食的种类：选择零食的原则为清淡、易消化、有营养、不损害牙齿的小食品。可选择的零食种类包括饼干、坚果、面包、牛奶、水果(鲜榨汁)等。

零食的量：一般孩子每次零食的热量在80~100千卡。大致相当于130毫升酸奶或20克奶粉或1个小鸡蛋或半个苹果的量。

零食的次数：孩子每天的零食并不是想什么时候吃就什么时候吃，一般每天2~3次是比较合理的。

不建议为孩子选用的零食：糖果，甜饮，油炸制品，奶油、黄油制品，含人造脂肪的，过咸的，调味剂和添加剂较多的，不够新鲜及过度加工的(如罐头、整个果冻等)。

常吃软烂食物易导致牙齿发育不良及近视

孩子的牙齿发育和咀嚼能力的发育并不完全是"水到渠成"的，而是需要通过为孩子选择合适的食物来进行咀嚼训练的。孩子一开始添加的辅食都是从泥糊状开始的，此时孩子还没有牙齿，所以这些食物无须咀嚼就可直接吞咽。

但有些孩子两三岁了，还一直在吃泥糊状食品，这就会影响孩子的咀嚼能力和牙齿发育，咀嚼不足还会使眼肌发育不良，这也是造成近视的一个相关因素。

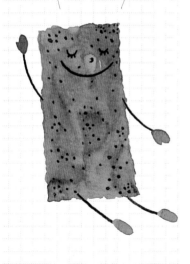

我也是小朋友喜欢的零食之一，不过开饭前就不要吃我了吧，不然吃饭就不香了。

不同阶段，吃不同硬度的食物

一般来讲，6个月~1岁是孩子咀嚼训练的关键期。这段时间要为孩子选择适当的食物训练他的咀嚼能力。如果错过这一关键时期，等孩子过了1岁，有了自主意识后，就会拒绝吃需要费力嚼的食物。

♥孩子7个月左右时，就不要总吃泥糊状食物了。可以开始给孩子吃些烂米粥、软面条等。

♥8~10个月给孩子吃些切碎的固体食物，也可以给孩子吃些条状的饼干、烤吐司以及切成条状的水果等，锻炼孩子的咀嚼能力。

♥孩子1岁时就可以吃成人的软食。

♥3岁左右，孩子的食物就基本上与成人无异。

纯素食不适合孩子，但过量的摄入蛋白质会增加孩子的代谢负担，也会使营养摄入不均衡。

我们每天要吃十几种甚至几十种食物，每一种食物都有自身的局限性，不可能囊括我们需要的全部营养素。植物性食物和动物性食物在营养方面的差异较大，各有特色。

谷类：可以为我们提供较多的碳水化合物，但却缺乏脂肪。

蔬菜和水果：含有维生素C、钾、镁、膳食纤维等营养素，但缺乏脂肪、蛋白质和碳水化合物。

肉类：含有较多的蛋白质和脂肪，但不含膳食纤维和维生素C，碳水化合物的含量也极低。

荤素搭配才能让孩子营养更充足、更全面。对于成人只要全天均衡就行了，但对于孩子来说，最好能够做到每餐都是均衡的，这就要求孩子每餐中都要有下面四类食物。

主食类：如粳米、白面、小米、玉米、山药、芋头、红豆、绿豆、芸豆等。

优质蛋白类：如鱼肉、禽肉、畜肉、蛋、奶类及豆制品。

蔬菜及水果：如胡萝卜、猕猴桃、苹果、葡萄等。

适量的油脂：如植物油、香油、橄榄油等。

都说我们是小朋友日常饮食的蛋白质担当之一，对于这个观点，我们举双手赞成。

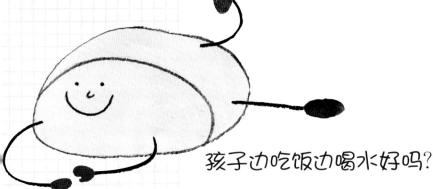

孩子边吃饭边喝水好吗?

吃饭时是否可以喝水,始终存在着争议。

主张进餐时喝水的人认为:如果吃的食物很干,难于下咽的时候,就需要同时吃些稀的东西。其实这就是我们常说的"干稀搭配"。这样的饮食模式很正常,并没有人因此而患上消化不良或营养不良。孩子唾液腺尚未发育完善,如果一顿饭只吃干食的话确实很难咽下,还可能噎到孩子。

主张进餐时不要喝水的人认为:吃饭时喝水会冲淡唾液、胃液和肠液等消化液,降低其消化作用;另外,用汤或水把食物泡软后再吃,会影响孩子咀嚼功能的锻炼,并不利于刺激口腔分泌唾液及淀粉酶;还有,大量地喝水会挤占孩子胃部空间,让孩子进食量减少。

两方的说法都各有道理,一时间也难分对错。其实在这类问题上也没有绝对的对与错,只是建议在给孩子提供饮食时不要采用极端的方案,也就是说既不要给孩子安排完全没有流质的干食,也不要在吃饭的时候给孩子喝大量的汤水。凡事都需把握好"度",恰到好处就是最好的。

我是比较干的食物,吃的时候可以搭配汤羹或水哦。

孩子不好好吃饭,原因在父母

有些孩子不肯乖乖地吃饭,边吃边玩,满屋子跑,花很长时间才能吃一顿饭 其实这种情况的主要原因在于大人没给孩子养成良好的吃饭习惯。

孩子不认真吃饭甚至"躲避吃饭"的原因很多,比如:

♥ 孩子根本不饿,但做父母的非要让孩子吃。

♥ 孩子用不吃饭作为与父母交换条件的筹码。

♥ 不喜欢餐桌的气氛,拒绝在餐桌上吃饭。

孩子吃饭要有"规矩"

💗 孩子吃饭的时间和地点要固定，规定出大概的开饭时间，全家人守时，一同用餐。固定孩子的就餐地点，让孩子有专用的就餐位置和餐椅。

💗 对于孩子的零食应加以管理，非用餐和加餐时间尽量不吃东西。

💗 对于家长来说，身教永远比说教有用得多，所以家长本身也要养成正确的进食习惯。

💗 吃饭所花的时间也要相对固定，每餐用时30~40分钟，时间一到，收拾所有的饭菜，进餐结束。

再爱吃也不能多吃，小心"吃伤了"

"吃伤了"，中医叫做"小儿伤食泄泻"，用西医的说法就是"小儿消化不良"。孩子消化不良会出现腹泻、恶心、呕吐、腹胀和腹痛等症状。经常吃伤食会造成孩子营养不良和肠胃功能紊乱。

"吃伤"后怎么办

💗 减少进食量，甚至可以停食1~2顿。

💗 选清淡易消化的食物，比如米汤、白米粥等。

💗 限制高蛋白、高脂肪和高膳食纤维的食物，如肉类、油炸类、大量的蔬菜和水果等。

💗 让孩子胃肠道得到充分的休息。

培养孩子正确的饮食习惯

💗 养成孩子定时定量吃东西的习惯，不要暴饮暴食，不要随时随意吃零食。注意饮食均衡，不要过量吃肉类和高脂肪类食物。

💗 孩子吃饭时的情绪对消化功能的影响很大。父母一方面要营造愉快的吃饭氛围，另一方面，如果孩子不愿意吃或不想吃，不要勉强，偶尔限食不会造成孩子营养不良。

我知道小朋友都喜欢我，但吃的时候要适量哦，要记住"好吃不可多贪"。

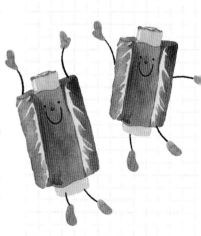

不要把别人家孩子的进食量当作标准

很多父母总是觉得自己的孩子吃得少，担心孩子营养摄入不足从而影响正常的生长发育。这就带出了一个问题，孩子饭吃得是不是够量，以什么为标准呢？目前妈妈们用得比较多的标准有两个：一是其他孩子的进食量；二是儿童膳食指南推荐的量。那么这两个标准是不是"放之四海而皆准"呢？我们一起来看一看。

以其他孩子的进食量为标准

每个人的代谢特点不一样、消化吸收能力不一样、活动量不一样，导致进食量差异很大，成人及孩子都是如此。每个孩子的情况不同导致进食量差异很大，其他孩子的饭量绝不是自己家孩子进食量的权威参照值。

父母担心自己的孩子吃得比别的孩子少会导致个子长得慢。其实，对于孩子来说，在营养平衡、充足的情况下，成年以后的身高主要是由父母双方的身高决定的，过量的摄入食物并不能帮助身高的增长，相反可能会导致肥胖。

以儿童膳食指南推荐的量为标准

营养学会建议1~3岁的孩子每日食物的摄入量大致为：谷类100~150克、蛋1个、肉类（包括猪牛羊肉、鸡鸭鱼虾等）50克、蔬菜和水果各150~200克、牛奶350毫升、烹调油25克左右。

按照这个"权威的推荐量"，还是有些孩子吃不下。那究竟是孩子有问题还是推荐有问题呢？其实，应该说都没有什么问题。这是因为推荐量不是个体化指导，是针对群体而言的。至于自己的孩子，能吃到推荐量的80%~120%都是正常的。

如果这些都不是标准，那么孩子吃多少合适难道就没有标准了吗？其实孩子的生长发育指标是吃饭的"金标准"。如果孩子的身高和体重都符合相应年龄的生长发育指标，则孩子吃饭的量就是合适的。

虽然我高高瘦瘦的，但营养一点都不少，高矮胖瘦是自身差异，小朋友也一样。

孩子的四季饮食要点

中医认为，人体五脏的生理活动必须适应四时阴阳的变化才能与外界环境保持协调。虽然这种传统观点目前并没有得到现代医学的证明，但作为中国人，我们还是可以适当沿用这个传统理念，根据不同季节食物的特点，为孩子搭配相应的饮食，这样可以使孩子的饮食种类更加丰富并富于变化，营养也更加多样均衡。中医认为，春夏养阳，秋冬养阴。

春季：春季是孩子生长最快的季节，可以多选择富含优质蛋白和钙的食物，如猪瘦肉、鸡鸭鱼虾、蛋类、牛奶及各种奶制品等。春季风干物燥，还要注意为孩子补充水分，晚春多饮用清热利咽的汤类。

夏季：夏季气候炎热，孩子出汗较多，消耗较大。可以选择莲藕、红豆、小麦、鸡蛋等养心的食物。此外，还可选用一些具有清火降燥、清凉解暑作用的食物，如冬瓜、茄子、鸭肉、鸭蛋、绿豆、苦瓜、黄瓜、丝瓜、海带、草菇等。

另外，夏季出汗较多，电解质会丢失，可以为孩子补充一些鲜榨的果蔬汁，补充水分的同时也可以补充损失的钾、维生素C等营养素。

秋季：秋季饮食可以选择具有"滋阴润肺"功能的食物，如百合、雪梨、银耳、山药、白萝卜等，用来为孩子制作银耳红枣粥、百合莲子粥等。

冬季：冬季膳食应富含充足的热能，以抵御寒冷。可适当为孩子多选些热性的食物，如牛肉、羊肉、红枣、桂圆、板栗、花生等。还可以多做些汤粥类，如羊肉丸子粉丝煲、板栗炖鸡、红枣粥、番茄肉末汤面等。

我要把自己养得肥肥的，这样小朋友夏天才能吃到最好的我。

第二章
上桌率最高的儿童菜

有了孩子，相信就算以前"十指不沾阳春水"的你，也想尝试着给孩子做美味的营养餐，因为这是属于你和孩子的独家记忆。可是以前没做过，而且给孩子做营养餐，不仅要拼味道拼营养更要拼颜值，不然耿直的孩子肯定不喜欢。别急，这就给你准备最受孩子欢迎的30道营养餐，好吃、营养、不麻烦，让孩子对你刮目相看。

虾仁豆腐

蛋白质 钙 维生素 A

⏰ 准备：5分钟　　🍲 烹饪：10分钟　　⚠️ 难度：★★☆

🥄 准备好

- ☐ 虾仁1小碗
- ☐ 嫩豆腐1块
- ☐ 青豆、胡萝卜丁、葱花、姜末、料酒、水淀粉、食盐、香油各适量

🍴 妈妈这样做

❶ 虾仁洗净，去虾线；嫩豆腐洗净，切丁。

❷ 油锅烧热，爆香葱花、姜末，放入胡萝卜丁、虾仁、青豆翻炒，加料酒、1小碗水、食盐翻炒均匀。

❸ 放入嫩豆腐丁，小心翻动，加水淀粉勾芡，大火收汤，淋上香油即可。

这个菜好多颜色啊，妈妈，你能告诉我这些都是什么吗？

轻松学
快速做

❶ 处理豆腐、虾仁　⟶　❷ 炒制虾仁、蔬菜　⟶　❸ 加嫩豆腐、勾芡

蛤蜊蒸蛋

维生素 A 维生素 E 蛋白质

⏰ 准备: 5 分钟　🥘 烹饪: 15 分钟　⚠ 难度: ⭐

> 妈妈说今天吃的蛤蜊是"天下第一鲜"。那天下第二鲜是什么呢?

🍴 准备好

☐ 鸡蛋2个

☐ 蛤蜊1小碗

☐ 食盐、香油各适量

🍴 妈妈这样做

❶ 蛤蜊建议提前一晚放淡盐水中吐沙。

❷ 蛤蜊清洗干净,入锅中加水炖煮至蛤蜊开口捞出,蛤蜊汤留用。

❸ 取一个碗,加入适量蛤蜊汤、食盐,打入鸡蛋,加入开口蛤蜊,搅拌均匀,盖上保鲜膜,上凉水蒸锅,隔水大火蒸10分钟,出锅前淋上香油即可。

轻松学快速做　❶ 蛤蜊吐沙 ⟶ ❷ 煮蛤蜊 ⟶ ❸ 加蛤蜊汤,蒸蛋

奶酪鸡翅

⏰ 准备：1个小时　🍳 烹饪：15分钟　⚠️ 难度：★★

🥄 准备好

- ☐ 鸡翅4个
- ☐ 黄油、奶酪各50克
- ☐ 食盐适量

🍴 妈妈这样做

❶ 提前将鸡翅清洗干净，并将鸡翅从中间划开，撒上食盐腌制1小时。

❷ 将黄油放入锅中，完全熔化后，将鸡翅放入锅中。

❸ 用小火将鸡翅彻底煎熟透，然后将奶酪擦成碎末，均匀撒在鸡翅上。

今天的鸡翅飘着奶香呢，妈妈快点做，我的口水都流下来了。

轻松学
快速做

❶ 腌制鸡翅 ⟶ ❷ 熔化黄油 ⟶ ❸ 煎鸡翅、撒奶酪

香酥带鱼

维生素 B$_1$ 维生素 B$_2$ 蛋白质

⏰ 准备：40 分钟　🍳 烹饪：10 分钟　⚠ 难度：★★

🥄 准备好

- ☐ 带鱼 1 条
- ☐ 红甜椒片、蒜瓣、葱段、食盐、白胡椒粉、白糖各适量

🍴 妈妈这样做

❶ 将带鱼用流水冲洗干净，擦干水，切成小段。

❷ 将白糖、食盐、白胡椒粉混合成调料，均匀撒在带鱼段上，腌制 40 分钟。

❸ 热锅凉油，将带鱼段滑入锅中，鱼皮微皱时翻面，煎至两面金黄盛出备用。

❹ 锅中留底油，下红甜椒片、蒜瓣、葱段、炸好的带鱼段炒熟，加适量的食盐调味即可。

妈妈一定要把刺剔除干净哦，可不能卡着我，我的小嗓子嫩着呢！

轻松学快速做　❶ 带鱼洗净、切段 ⟶ ❷ 腌制带鱼 ⟶ ❸ 炸带鱼 ⟶ ❹ 炒熟、调味

木耳炒山药

🕐 准备：5 分钟　　🍳 烹饪：5 分钟　　⚠ 难度：⭐

🥄 准备好

- ☐ 山药 1 根
- ☐ 黑木耳 10 朵
- ☐ 青甜椒片、红甜椒片、葱花、蒜末、蚝油、食盐各适量

🍴 妈妈这样做

❶ 山药去皮，洗净切片，入开水锅焯烫一下备用；黑木耳用温水泡发，洗净。

❷ 油锅烧热，加葱花、蒜末煸炒出香，加山药片、青甜椒片、红甜椒片翻炒。

❸ 加入黑木耳继续翻炒至熟，加蚝油、食盐调味即可。

这个黑乎乎的东西不是很好看，不过妈妈说，这个很有营养，我还是多吃两口吧。

轻松学
快速做　　❶ 处理山药、黑木耳 ⟶ ❷ 炒山药、青红椒 ⟶ ❸ 下黑木耳翻炒

肉末茄子

准备：5 分钟　　烹饪：10 分钟　　难度：⭐

准备好

- ☐ 猪肉末 100 克
- ☐ 茄子 1 个
- ☐ 葱花、姜末、食盐各适量

妈妈这样做

❶ 茄子洗净，切小丁备用。

❷ 油锅烧热，加入葱花、姜末爆香，下猪肉末煸炒，待猪肉末变色后，放入茄丁一同炒至入味，加食盐调味即可。

茄子软软的，肉吃起来也不费力气，妈妈，给我来一大碗米饭。

轻松学
快速做

❶
茄子切丁
　→　
❷
将猪肉末、茄丁炒入味

芹菜牛肉丝

膳食纤维 维生素 A 蛋白质

准备: 5 分钟　烹饪: 10 分钟　难度: ★★

准备好

☐ 牛肉250克
☐ 芹菜、葱丝、
　姜片、料酒、
　水淀粉、食盐
　各适量

妈妈这样做

❶ 牛肉洗净,切丝,加食盐、料酒、水淀粉腌制;芹菜去根,
摘去老叶,洗净切段。

❷ 油锅烧热,下姜片和葱丝煸香,然后加入牛肉丝和芹菜
段翻炒,适量加一些水,熟透后加食盐调味即可。

虽然吃的时候牙
齿很累,但拉粑
粑好像比之前容
易了。

轻松学
快速做

❶
腌制牛肉丝、芹菜切段　——→　❷
下芹菜、牛肉炒熟

炒五彩玉米

🕐 准备: 5 分钟　🥄 烹饪: 5 分钟　⚠ 难度: ⭐

🥄 准备好

□ 黄瓜半根

□ 玉米粒、胡萝
卜丁、熟香肠、
蒜末、食盐各
适量

🍴 妈妈这样做

❶ 黄瓜洗净与熟香肠分别切丁,依次将玉米粒、胡萝卜丁
放入沸水中焯烫。

❷ 油锅烧热,下蒜末炒香,倒入熟香肠丁翻炒片刻。

❸ 加入黄瓜丁、玉米粒、胡萝卜丁大火炒熟,加食盐调味
即可。

这么多颜色,我该先
吃哪个呢? 算了吧,
我还是拿着勺子把
它们一起吃掉吧。

轻松学快速做	❶ 焯烫蔬菜	→	❷ 炒香肠	→	❸ 下所有蔬菜翻炒

芦笋烧鸡块

维生素 A　B 族维生素　蛋白质

⏰ 准备：5 分钟　🍳 烹饪：10 分钟　⚠ 难度：⭐⭐

🥄 准备好

☐ 芦笋1把

☐ 鸡胸脯肉200克

☐ 红甜椒丝、蒜末、食盐各适量

🍴 妈妈这样做

❶ 芦笋洗净、切段，入开水焯烫一下；鸡胸脯肉洗净，切小块备用。

❷ 油锅烧热，下蒜末炒香，倒入鸡块翻炒至变色。

❸ 倒入芦笋段、红甜椒丝翻炒片刻后，加1小碗水和适量食盐，烧开后收汁即可。

妈妈说肉肉要和蔬菜一起吃，这样才能长高。

轻松学
快速做

❶ 处理芦笋、鸡肉　➡　❷ 炒鸡块　➡　❸ 加入蔬菜和水、收汁

茄汁菜花

⏰ 准备:5 分钟　🥘 烹饪:10 分钟　⚠ 难度:⭐

妈妈快看,菜花被染成红色了,吃到嘴里还是酸酸甜甜的呢。

🥄 准备好

- □ 菜花1小棵
- □ 番茄1个
- □ 葱花、蒜片、番茄酱、食盐各适量

🍴 妈妈这样做

❶ 番茄洗净,去皮切块;菜花洗净,掰成朵,入沸水断生。

❷ 油锅烧热,爆香葱花、蒜片,加入番茄酱翻炒出香味,放入菜花、番茄块,翻炒至番茄出汁,大火收汁,加食盐调味即可。

轻松学
快速做

❶
处理食材
→
❷
下食材翻炒、收汁

手卷三明治

镁 锌 碘

⏰准备：5分钟　🍳烹饪：5分钟　⚠难度：⭐

🍴准备好

- ☐ 吐司2片
- ☐ 芦笋1根
- ☐ 北极虾4只
- ☐ 沙拉酱适量

🍴妈妈这样做

❶ 吐司去边，压平；北极虾剥壳，入沸水煮熟；芦笋洗净切段，入沸水焯烫。

❷ 吐司上抹上沙拉酱，依次放上煮熟的北极虾、芦笋段，卷起即可。

手卷三明治好看又美味，自己用手拿着吃，两个根本就不够。

轻松学
快速做

❶
食材洗净、煮熟　　➡　　❷
食材放在吐司上、卷起

香煎米饼

蛋白质 碳水化合物 卵磷脂

⏰ 准备: 5 分钟　🥘 烹饪: 10 分钟　⚠ 难度: ⭐⭐

🥄 准备好

- □ 米饭 100 克
- □ 鸡肉 50 克
- □ 鸡蛋 2 个
- □ 葱花、食盐
  各适量

🍴 妈妈这样做

❶ 米饭搅散; 鸡肉洗净, 切末; 鸡蛋打匀备用。

❷ 米饭中加入鸡肉末、鸡蛋、葱花和食盐搅拌均匀。

❸ 炒锅倒入油摇晃均匀, 将搅拌好的米饭平铺, 小火加热至米饼成形, 翻面后继续煎 1~2 分钟即可。

> 原来米饭还能这么做, 妈妈又 get 到一个新技能。

轻松学快速做　❶ 处理食材　⟶　❷ 混合食材　⟶　❸ 煎饼

蛋包饭

蛋白质 维生素 A 碳水化合物

⏰ 准备：5 分钟　　🥘 烹饪：15 分钟　　⚠️ 难度：★★

🍴 准备好

- ☐ 培根 2 片
- ☐ 鸡蛋黄 2 个
- ☐ 冷米饭 1 碗
- ☐ 豌豆、玉米粒、洋葱、面粉、食盐各适量

🍴 妈妈这样做

❶ 豌豆洗净；洋葱洗净，切丁；培根切丁备用。

❷ 油锅烧热，下培根丁、玉米粒、洋葱丁、豌豆煸炒片刻后，放入冷米饭炒匀，加适量的食盐调味后盛出。

❸ 鸡蛋黄加面粉、水搅匀；油锅烧热，将蛋液摊成蛋皮，放上一层炒好的米饭，四边叠起即可。

趁着妈妈不注意，偷偷地把鸡蛋皮戳破了，哇，原来里面有这么多好吃的呀。

轻松学快速做　❶ 食材洗净切丁　——→　❷ 炒米饭　——→　❸ 煎蛋皮、包饭

茄汁鸡肉饭

蛋白质 碳水化合物

⏰ 准备: 5分钟　🥄 烹饪: 15分钟　⚠ 难度: ⭐⭐

土豆真是个好东西，可以搭配不同的食材，怎样做我都爱吃。

🥄 准备好

- ☐ 鸡丁150克
- ☐ 土豆1个
- ☐ 胡萝卜半根
- ☐ 热米饭1碗
- ☐ 洋葱、番茄酱、食盐各适量

🍴 妈妈这样做

❶ 土豆、胡萝卜、洋葱分别去皮、洗净、切丁；番茄酱加少许凉开水，搅拌均匀成芡汁。

❷ 油锅烧热，下鸡丁煸炒，再放入胡萝卜丁、洋葱丁、土豆丁，翻炒片刻后，加适量水。

❸ 小火煮至土豆丁绵软，加适量的食盐调味，倒入芡汁煮至汤汁浓稠后，浇在米饭上即可。

轻松学快速做　❶ 食材切丁、做芡汁 ⟶ ❷ 食材过油炒制 ⟶ ❸ 浇米饭

香菇肉丝汤面

⏰ 准备: 10 分钟　　🥄 烹饪: 15 分钟　　⚠ 难度: ★★★

🥄 准备好

- ☐ 猪肉丝 50 克
- ☐ 青菜 1 棵
- ☐ 干香菇 3 朵
- ☐ 高汤 1 碗
- ☐ 面条、酱油、食盐、料酒、虾皮、姜末各适量

🍴 妈妈这样做

❶ 干香菇提前泡发,切片;猪肉丝洗净,加料酒、酱油拌匀,腌制片刻;青菜洗净,焯熟。

❷ 油锅烧热,下姜末、猪肉丝煸炒至变色,再放入香菇片翻炒,放入食盐,炒熟盛出。

❸ 面条煮熟,挑进盛适量酱油、食盐的碗内,舀入适量高汤,把虾皮、青菜和炒好的香菇肉丝均匀地覆盖在面条上即可。

面好鲜啊,汤都被我喝完了,妈妈在里面放了什么神奇的东西。

轻松学快速做	❶ 香菇切片、腌猪肉丝	➡	❷ 炒熟食材	➡	❸ 煮面条、盖上香菇肉丝

玉米香菇虾肉饺

蛋白质 维生素C 碳水化合物

⏰ 准备: 20 分钟　🍳 烹饪: 20 分钟　⚠ 难度: ★★★

🥄 准备好

- ☐ 猪肉末200克
- ☐ 鸡蛋1个
- ☐ 干香菇5朵
- ☐ 虾仁、玉米粒、
  饺子皮、葱花、
  食盐各适量

🍴 妈妈这样做

❶ 玉米粒洗净；干香菇泡发，洗净，切末；虾仁洗净、剁碎备用。

❷ 将玉米粒、香菇末、虾仁碎和猪肉末混合，打入鸡蛋，加食盐、葱花拌匀成馅。

❸ 饺子皮包入馅成饺子。

❹ 锅中放水煮沸，下入饺子，煮熟即可。

今天的饺子也有我的功劳，香菇是我洗的哦。

轻松学
快速做　❶ 食材洗净、切末 ⟶ ❷ 做馅 ⟶ ❸ 包饺子 ⟶ ❹ 煮饺子

鸡汤小馄饨

蛋白质 碳水化合物

⏰ 准备：20 分钟　🍳 烹饪：10 分钟　⚠ 难度：★★★

🥄 准备好

- □ 虾仁末100克
- □ 鸡蛋1个
- □ 馄饨皮、香菜碎、虾皮、鸡汤、食盐各适量

🍴 妈妈这样做

❶ 鸡蛋加食盐打散，入油锅摊成蛋皮，盛出切丝，备用。

❷ 虾仁末加食盐拌成馅，馄饨皮包入馅成馄饨。

❸ 鸡汤煮沸，下馄饨煮熟盛出，加少许食盐调味，撒上鸡蛋丝、虾皮、香菜碎即可。

唉，今天的"饺子"和昨天的好像不大一样，小了好多，不过吃起来也很美味。

轻松学
快速做

❶ 鸡蛋摊饼、切丝 ⟶ ❷ 虾仁末加食盐、包馄饨 ⟶ ❸ 煮馄饨

番茄面疙瘩

番茄红素 维生素C 碳水化合物

准备：10 分钟　　烹饪：10 分钟　　难度：★☆☆

准备好

- ☐ 番茄2个
- ☐ 鸡蛋1个
- ☐ 面粉120克
- ☐ 食盐适量

妈妈这样做

❶ 面粉加水搅拌成面糊；鸡蛋打散。

❷ 番茄去皮切小块；油锅烧热，放入番茄块翻炒至出汁。

❸ 锅中加入水煮沸，边搅拌边加入面糊，再次煮沸，加入打散的蛋液，加食盐调味即可。

> 面疙瘩一团一团的，以为没有味道呢，吃了以后才知道，又软又鲜，看来"饭不可貌相"。

轻松学
快速做

❶ 搅面糊、鸡蛋打散 ⟶ ❷ 炒番茄 ⟶ ❸ 煮面糊、倒入蛋液

五彩肉蔬饭

碳水化合物 蛋白质 维生素 C

⏰ 准备：5 分钟　　🥘 烹饪：20 分钟　　⚠ 难度：⭐

🥄 准备好

- ☐ 鸡胸脯肉丁 50 克
- ☐ 胡萝卜半根
- ☐ 鲜香菇 4 朵
- ☐ 豌豆、粳米、食盐各适量

🍴 妈妈这样做

❶ 胡萝卜洗净，切丁；鲜香菇洗净，切碎；粳米、豌豆洗净备用。

❷ 将粳米放入电饭锅中，加入鸡胸脯肉丁、胡萝卜丁、鲜香菇碎、豌豆，加入适量的食盐、水煮熟即可。

一口吃一大勺，哇，每一口都能吃到不同的味道呢。

轻松学 快速做

❶ 食材洗净、切碎 ⟶ ❷ 用电饭锅煮饭

蛋煎馒头片

卵磷脂 蛋白质 碳水化合物

⏰ 准备：5分钟　🍳 烹饪：5分钟　⚠ 难度：⭐

🥄 准备好

- ☐ 馒头1个
- ☐ 鸡蛋2个
- ☐ 黑芝麻适量

🍴 妈妈这样做

❶ 馒头切片，鸡蛋打散成蛋液备用。

❷ 馒头片均匀裹上蛋液，平底锅倒入植物油烧热，放入馒头片，煎至两面金黄后，撒上黑芝麻即可。

馒头片被妈妈煎得
脆脆香香的，正好
可以练练我的牙。

轻松学
快速做
　　❶
馒头切片、鸡蛋打散　　➡　　❷
裹上蛋液煎至金黄、撒上黑芝麻

胡萝卜豆腐汤

蛋白质 胡萝卜素

⏰ 准备：5 分钟　🥣 烹饪：10 分钟　⚠ 难度：★★

🥄 准备好

- ☐ 豆腐1块
- ☐ 胡萝卜半根
- ☐ 鸡蛋1个
- ☐ 鸡汤1碗
- ☐ 食盐适量

🍴 妈妈这样做

❶ 鸡蛋打散成蛋液；胡萝卜、豆腐分别洗净，切成丁。

❷ 鸡汤倒入锅中，煮开后，放胡萝卜丁、豆腐丁，再煮开后，倒入鸡蛋液、食盐烧开即可。

> 妈妈说，只要我乖乖地吃完这一碗，这一天的营养都有了。

轻松学
快速做

❶
食材洗净、切丁

➡

❷
所有食材煮熟、调味

小白菜鱼丸汤

⏰ 准备：5分钟　　🍳 烹饪：10分钟　　⚠️ 难度：★★

如果妈妈怕鱼丸太大噎着我，可以切小点再给我吃哦。

🥄 准备好

- □ 鱼丸100克
- □ 小白菜2棵
- □ 姜丝、胡萝卜丁、海带丝、高汤、食盐各适量

🍴 妈妈这样做

❶ 小白菜洗净，切成段备用。

❷ 油锅烧热，下姜丝炒香，放入胡萝卜丁、海带丝翻炒均匀。

❸ 锅中倒入高汤，烧开后，放入鱼丸、小白菜段；再烧开后，加少许食盐调味即可。

轻松学
快速做

❶ 洗、切小白菜 ⟶ ❷ 翻炒胡萝卜丁、海带丝 ⟶ ❸ 所有食材煮熟、调味

土豆胡萝卜肉末羹

蛋白质 胡萝卜素

⏰ 准备：10分钟　🍳 烹饪：10分钟　⚠ 难度：⭐

🥄 准备好

- ☐ 土豆1个
- ☐ 胡萝卜1根
- ☐ 猪肉末100克
- ☐ 食盐适量

🍴 妈妈这样做

❶ 土豆、胡萝卜分别去皮洗净，切成小块；将土豆块、胡萝卜块放入搅拌机，加适量水打成泥。

❷ 把胡萝卜土豆泥与猪肉末混合在一起，加入适量食盐，搅拌均匀，上锅蒸熟即可。

妈妈说今天给我做以前经常吃的糊糊，让我重温一下小时候的味道.

轻松学
快速做

❶ 蔬菜洗净、切块、打成泥 ⟶ ❷ 食材混合、蒸熟

双色菜花汤

维生素 C 硒 钙

⏰准备: 5 分钟　🥄烹饪: 10 分钟　⚠难度: ⭐

🥄准备好

- ☐ 西蓝花1小棵
- ☐ 菜花1小棵
- ☐ 海米、食盐、
  高汤、香油各
  适量

🍴妈妈这样做

❶ 西蓝花、菜花分别洗净, 掰成小朵, 入开水锅中焯烫后, 捞出备用。

❷ 油锅烧热, 下海米翻炒, 加入适量高汤烧开后, 放入焯烫好的西蓝花、菜花, 再次煮开后放少许食盐、香油调味即可。

妈妈说, 像海米这类提鲜的食材, 要先煮才能释放它的鲜味。

轻松学
快速做

❶
焯烫双色菜花
→
❷
所有食材煮熟、调味

意式蔬菜汤

胡萝卜素 维生素C

🕐 准备：10分钟　🥄 烹饪：10分钟　⚠ 难度：⭐

🍴 准备好

☐ 西蓝花1小棵

☐ 胡萝卜丁、南瓜丁、白菜碎、洋葱碎、蒜末、高汤、食盐各适量

🍴 妈妈这样做

❶ 西蓝花洗净，掰小朵。

❷ 油锅烧热，加入蒜末、洋葱碎炒出香味后，放入胡萝卜丁、南瓜丁、西蓝花、白菜碎翻炒片刻，倒入高汤，烧开后转小火炖煮10分钟，加适量食盐调味即可。

这样做的蔬菜汤，我能喝一大碗呢。

轻松学快速做　　❶ 处理西蓝花　→　❷ 所有食材煮熟、调味

芦笋鸡丝汤

蛋白质　硒　赖氨酸　锌

⏱ 准备: 25 分钟　🥄 烹饪: 10 分钟　⚠ 难度: ⭐

金针菇的外号叫"益智菇",吃了以后我就变聪明喽.

🥄 准备好

- ☐ 芦笋100克
- ☐ 鸡肉100克
- ☐ 金针菇20克
- ☐ 鸡蛋清1个
- ☐ 高汤、干淀粉、食盐、香油各适量

🍴 妈妈这样做

❶ 鸡肉洗净,切丝,用鸡蛋清、食盐、干淀粉拌匀腌20分钟。

❷ 芦笋洗净沥干,切段;金针菇洗净沥干。

❸ 锅中放入高汤,加鸡肉丝、芦笋、金针菇同煮,待沸后加食盐,淋香油即可。

轻松学快速做
❶ 腌鸡丝 ⟶ ❷ 处理芦笋、金针菇 ⟶ ❸ 食材煮熟、调味

时蔬排骨汤

蛋白质 胡萝卜素 膳食纤维

⏰ 准备：10 分钟　🥄 烹饪：1.5 小时　⚠ 难度：★★

🥄 准备好

- ☐ 排骨200克
- ☐ 玉米1根
- ☐ 山药半根
- ☐ 胡萝卜丁、姜片、食盐各适量

🍴 妈妈这样做

❶ 排骨洗净、剁成小段，入开水锅焯烫后，捞出；玉米洗净，切段；山药去皮洗净，切厚片备用。

❷ 锅中加适量水，放入排骨段、玉米段、姜片大火烧开后，转小火熬至排骨熟烂，加山药片、胡萝卜丁煮熟，再加适量食盐调味即可。

玉米很好吃，但妈妈说不能吃太多，不然会消化不良的。

轻松学 快速做　❶ 处理排骨、玉米、山药　⟶　❷ 食材煮熟、调味

银耳花生仁汤

蛋白质 钙 磷

⏰ 准备：5 分钟　🥄 烹饪：30 分钟　⚠ 难度：⭐

妈妈说，喝了这碗汤，我就会变得漂亮，妈妈是不是骗我的呢？

🥄 准备好

- ☐ 银耳 2 朵
- ☐ 花生仁 6 粒
- ☐ 红枣 4 颗
- ☐ 白糖适量

🍴 妈妈这样做

❶ 将银耳用温水泡发后洗净，撕成小朵；红枣洗净，去核。

❷ 锅中加水煮开，放入银耳、花生仁、红枣同煮至食材软烂。

❸ 出锅时加白糖调味即可。

轻松学
快速做

❶　　　　　　　　　　❷　　　　　　　　　　❸
银耳泡发 ⟶ 煮银耳、花生仁、红枣 ⟶ 调味

海米冬瓜汤

⏰ 准备: 15 分钟　　🥄 烹饪: 10 分钟　　⚠ 难度: ⭐

🍴 准备好

- ☐ 冬瓜1块
- ☐ 海米1小碗
- ☐ 高汤、食盐、香油各适量

🍴 妈妈这样做

❶ 海米用水泡15分钟; 冬瓜洗净, 去皮, 切成薄片。

❷ 锅内加入高汤, 大火煮沸, 加入冬瓜片、海米, 煮熟后, 加适量食盐、香油调味即可。

> 喝完这个汤, 一定要及时尿尿, 我可不想尿裤子。

轻松学
快速做　　❶ 泡海米、冬瓜切片　　➡　　❷ 食材煮熟、调味

丝瓜火腿片汤

蛋白质 B 族维生素 维生素 C

准备: 5 分钟　烹饪: 10 分钟　难度: ★★

咳嗽的时候，妈妈就会给我煮丝瓜汤，喝了会好得快些哦。

准备好

- ☐ 丝瓜1根
- ☐ 火腿肠1根
- ☐ 食盐适量

妈妈这样做

❶ 丝瓜洗净，去皮，切块；火腿肠切片备用。

❷ 油锅烧热，下丝瓜块翻炒片刻，加入水煮沸约3分钟，下火腿肠片略煮，加食盐调味即可。

轻松学
快速做

❶
丝瓜切块、火腿肠切片
→
❷
炒丝瓜、下火腿肠并煮制

第三章
孩子的四季营养餐桌

以前总希望夏天早点来，可以尝尝院子里新鲜的黄瓜，菜园子里现摘的茄子、辣椒，但现在所有的蔬菜一年四季都有的卖，方便是方便，但再也没有以前的好吃了。春天的莴笋、夏天的丝瓜、秋天的秋葵、冬天的白菜，给孩子吃最新鲜的当季蔬菜，让孩子也感受下爸爸妈妈们的童年味道。

草莓酱蛋卷

碳水化合物 维生素 C 蛋白质

🕐 准备: 15 分钟　🍲 烹饪: 10 分钟　⚠ 难度: ⭐⭐

🥄 准备好

- ☐ 鸡蛋2个
- ☐ 草莓4个
- ☐ 草莓酱、面粉
  各适量

🍴 妈妈这样做

❶ 将鸡蛋打散, 加水、面粉和成蛋糊; 草莓洗净, 在食盐水中泡10分钟后, 去蒂, 沥干水, 切小丁。

❷ 油锅烧热, 倒入蛋糊, 煎成蛋饼, 切成条。

❸ 将草莓丁放入草莓酱中拌匀,倒在蛋饼条上,卷起即可。

今天有我最爱吃的草莓耶, 酸酸甜甜的, 这一盘我全包了。

轻松学快速做　❶ 做蛋糊、处理草莓　⟶　❷ 煎蛋饼　⟶　❸ 做蛋卷

莴笋培根卷

⏰ 准备：5 分钟　🥄 烹饪：10 分钟　⚠ 难度：★★

妈妈说，莴笋和培根搭配一起吃，其中的铁才能更好地被吸收。

🥄 准备好

- ☐ 莴笋 1 根
- ☐ 培根、食盐、料酒、生抽、白糖各适量

🍴 妈妈这样做

❶ 莴笋去皮，洗净切条，加食盐焯熟；培根用料酒、生抽、白糖腌制片刻。

❷ 用培根将莴笋条卷起来，用牙签固定，在烤箱中烤熟即可。

轻松学快速做

❶ 莴笋切条、腌制培根 ⟶ ❷ 培根卷莴笋、烤熟

青菜海米烫饭

膳食纤维 维生素 C 碳水化合物

⏲ 准备：2 小时　　🍳 烹饪：10 分钟　　⚠ 难度：🍚🍚

🥄 准备好

- ☐ 米饭 1 碗
- ☐ 青菜 2 棵
- ☐ 海米、食盐、香油各适量

🍴 妈妈这样做

❶ 海米提前浸泡 2 小时；青菜洗净，入沸水中焯熟，捞出过凉水，沥干切段。

❷ 锅中加水煮沸，倒入米饭，转小火煮至米粒破裂，放入青菜、海米，加食盐调味，淋上香油即可。

> 妈妈，青菜不要煮太久哦，不然就没营养了。

轻松学
快速做

❶
浸泡海米、青菜切段 ⟶

❷
煮米饭

豉香春笋

⏰ 准备：5 分钟　🥄 烹饪：10 分钟　⚠️ 难度：★★

趁着春季来临，吃一吃正当季的春笋吧。

🥄 准备好

- □ 春笋1根
- □ 红甜椒1个
- □ 青甜椒1个
- □ 豆豉、姜末、生抽、白糖、食盐各适量

🍴 妈妈这样做

❶ 春笋去皮，切去老根，切成丝；青、红甜椒分别洗净，切成丝备用。

❷ 油锅烧热，放入豆豉、姜末炒香后，放入春笋丝翻炒1分钟，倒入青、红甜椒丝，翻炒后，加适量生抽、食盐、白糖炒熟即可。

 轻松学 快速做

❶ 食材洗净、切丝　⟶　❷ 食材炒熟、调味

菠菜鸡肉粥

胡萝卜素 维生素E 碳水化合物

⏰ 准备：10分钟　🥄 烹饪：30分钟　⚠️ 难度：★★☆

🥄 准备好

- ☐ 菠菜1小把
- ☐ 鸡肉丁50克
- ☐ 粳米1碗
- ☐ 食盐适量

🍴 妈妈这样做

❶ 粳米洗净；菠菜洗净，放入沸水中焯熟，捞出沥干，切成段。

❷ 锅中放入粳米和适量水，大火煮沸后改小火熬煮。

❸ 待粥煮至黏稠时，放入鸡肉丁，煮熟后加入菠菜段，最后加食盐调味即可。

吃了菠菜后，我会不会像动画片里的大力水手那样有力气呀。

轻松学
快速做

❶ 粳米洗净、菠菜切段 ⟶ ❷ 煮粳米粥 ⟶ ❸ 放入鸡肉丁、菠菜段，调味

蒜香芦笋杏鲍菇

蛋白质 硒 维生素C

⏱ 准备：5分钟　🥘 烹饪：10分钟　⚠ 难度：★★★

🍴 准备好

- ☐ 芦笋200克
- ☐ 杏鲍菇1根
- ☐ 青甜椒1个
- ☐ 蒜瓣4个
- ☐ 食盐适量

🍴 妈妈这样做

❶ 芦笋洗净，切段，入开水锅焯烫后捞出；青甜椒洗净，切块；杏鲍菇洗净，切滚刀块；蒜瓣去皮洗净，切末备用。

❷ 油锅烧热，爆香蒜末，放入杏鲍菇块，煸炒至表面微黄，下芦笋段、青甜椒块翻炒片刻，放适量食盐调味即可。

芦笋吃起来脆脆的，就是难夹一些，不过这可以锻炼我用筷子的能力。

轻松学
快速做

❶
处理食材

➡

❷
食材炒熟、调味

豌豆炒鸡丁

蛋白质 胡萝卜素 维生素C

准备: 5分钟　烹饪: 10分钟　难度: ★★

虽然豌豆圆滚滚的很可爱，但吃的时候一定要小心，不要被噎着。

准备好

- □ 鸡胸脯肉100克
- □ 胡萝卜1根
- □ 豌豆、食盐各适量

妈妈这样做

❶ 豌豆洗净,用沸水焯熟后,捞出沥干;胡萝卜洗净,切丁;鸡胸脯肉洗净,切丁。

❷ 油锅烧热,先放鸡丁炒至变色,再放入胡萝卜丁、豌豆炒熟,加食盐调味即可。

轻松学
快速做

❶
处理食材　　　——→　　　❷
食材炒熟、调味

芹菜腰果炒香菇

膳食纤维 蛋白质 脂肪酸

准备: 10 分钟　烹饪: 15 分钟　难度: ★★

准备好

- ☐ 芹菜 200 克
- ☐ 腰果 50 克
- ☐ 干香菇 3 朵
- ☐ 红甜椒 1 个
- ☐ 蒜片、食盐、白糖、水淀粉各适量

妈妈这样做

1. 芹菜茎洗净，切成片；红甜椒洗净，切小块；干香菇泡发、去蒂，切片；腰果洗净，沥干。
2. 锅中入水煮沸，放入芹菜片、香菇片焯水，捞出沥干。
3. 油锅烧热，下腰果翻炒炸熟，捞出备用。
4. 锅中留底油，爆香蒜片，放入芹菜片、腰果、红甜椒块、香菇片翻炒均匀，加入食盐、白糖调味，用水淀粉勾芡即可。

妈妈拿我平时吃的零食腰果来炒菜，是想让我少吃点零食，多吃点饭吗？

轻松学快速做　❶ 处理食材 ⟶ ❷ 焯烫芹菜、香菇 ⟶ ❸ 炒腰果 ⟶ ❹ 食材炒熟、调味、勾芡

芝麻菠菜

胡萝卜素 维生素C 铁

⏰准备: 5分钟　🍳烹饪: 5分钟　⚠难度: ⭐

🍴准备好

- ☐ 菠菜1大把
- ☐ 食盐、黑芝麻、香油各适量

🍴妈妈这样做

❶ 菠菜择洗干净,放入开水锅中焯烫后捞出沥水。

❷ 油锅烧热,放入焯烫好的菠菜翻炒,加入黑芝麻、香油、食盐翻炒均匀即可。

菠菜已经烫熟了,可不要炒太久,不然菠菜失去口感不说,营养也大打折扣呢。

轻松学 快速做

❶ 菠菜洗净、焯烫 　　➡️　　 ❷ 稍炒、调味

炒三脆

准备：30 分钟　　烹饪：10 分钟　　难度：⭐

准备好

- ☐ 西蓝花1小棵
- ☐ 胡萝卜1根
- ☐ 姜2片
- ☐ 干银耳、食盐、水淀粉、香油各适量

妈妈这样做

❶ 干银耳泡发，剪去老根，撕小朵；胡萝卜洗净，切丁；西蓝花洗净掰小朵，入沸水焯烫，捞出沥干。

❷ 油锅烧热，爆香姜片，放入银耳、西蓝花、胡萝卜丁翻炒片刻。

❸ 调入水淀粉、食盐，待汤汁浓稠后，淋上香油即可。

今天的菜好清淡啊，妈妈说我还小，就要吃这种少盐的食物。

轻松学快速做　❶ 蔬菜择切 ⟶ ❷ 油锅下食材翻炒 ⟶ ❸ 勾芡、调味

宫保素三丁

⏰准备：5分钟　🥄烹饪：10分钟　⚠️难度：⭐⭐

🥄准备好

- ☐ 土豆1个
- ☐ 黄瓜半根
- ☐ 黄甜椒1个
- ☐ 红甜椒1个
- ☐ 熟花生仁1小碗
- ☐ 葱花、白糖、食盐、水淀粉、香油各适量

🍴妈妈这样做

❶ 土豆洗净，去皮切丁；黄瓜、黄甜椒、红甜椒分别洗净，切丁。

❷ 油锅烧热，放入葱花炒香，放入熟花生仁、土豆丁炒熟。

❸ 锅中加入黄瓜丁、黄甜椒丁、红甜椒丁，翻炒均匀后，加白糖、食盐调味，用水淀粉勾芡，最后淋香油即可。

> 辣椒不应该是辣的吗？妈妈给我做的这个，怎么是甜的呢？

轻松学 快速做　❶ 食材洗净、切丁 ⟶ ❷ 熟花生仁、土豆丁炒熟 ⟶ ❸ 所有食材炒熟、调味

胡萝卜菠菜鸡蛋饭

胡萝卜素 碳水化合物

准备：5分钟　　烹饪：10分钟　　难度：★

准备好

- ☐ 米饭1碗
- ☐ 菠菜2棵
- ☐ 鸡蛋1个
- ☐ 胡萝卜丁、葱花、食盐各适量

妈妈这样做

❶ 菠菜洗净，焯水后，捞出沥干切碎。

❷ 鸡蛋打成蛋液，油锅烧热，放蛋液炒散，盛出备用。

❸ 锅中留底油，放葱花煸香，加入米饭、胡萝卜丁、菠菜碎、鸡蛋翻炒，最后加食盐调味。

老师说"粒粒皆辛苦"，我要吃光光，不能浪费。

轻松学快速做　　❶ 菠菜焯水、切碎　→　❷ 鸡蛋炒散　→　❸ 下所有食材翻炒

胡萝卜炖牛肉

胡萝卜素 氨基酸 蛋白质

⏰ 准备：5分钟　🍳 烹饪：30分钟　⚠️ 难度：★★

🍴 准备好

- ☐ 牛里脊肉250克
- ☐ 胡萝卜1根
- ☐ 葱段、姜片、料酒、酱油、食盐各适量

🍴 妈妈这样做

❶ 牛里脊肉洗净，切小块；胡萝卜洗净去皮，切小块。

❷ 油锅烧热，下葱段、姜片煸香，先放入牛肉块煸炒，再放入料酒、酱油及适量水，大火煮至汤沸。

❸ 改小火炖至牛肉八成熟，投入胡萝卜块炖熟，最后加食盐调味即可。

别看牛肉块和胡萝卜块挺大的，但是被妈妈炖得很烂，吃起来一点都不费力。

轻松学
快速做

❶ 食材洗净、切块 ⟶ ❷ 炒牛肉块、大火烧开 ⟶ ❸ 小火炖、加胡萝卜块炖熟

三鲜炒春笋

蛋白质 B族维生素 维生素C

⏰ 准备：5 分钟　🍲 烹饪：10 分钟　⚠️ 难度：⭐

🥄 准备好

☐ 春笋1个
☐ 香菇丁、鱿鱼
　片、虾仁、葱花、
　蒜末、食盐、水
　淀粉各适量

🍴 妈妈这样做

❶ 春笋剥壳，削皮，去老根，洗净，切片。
❷ 锅内加水煮沸，将鱿鱼片、虾仁焯熟，沥干水备用。
❸ 油锅烧热，爆香葱花、蒜末，放入春笋片、香菇丁、鱿鱼片、
　虾仁炒熟，加食盐调味，倒入水淀粉勾芡，翻炒均匀
　即可。

春笋好鲜啊，妈妈要多做几次给我吃，不然过了春天就没有了。

轻松学　　　❶　　　　　　❷　　　　　　　❸
快速做　　春笋切片　➡️　焯烫鱿鱼、虾仁　➡️　下所有食材翻炒

黄瓜卷

维生素 C 维生素 E

⏰ 准备：5 分钟　🍳 烹饪：20 分钟　⚠ 难度：⭐

🥄 准备好

- ☐ 黄瓜 1 根
- ☐ 鲜香菇 4 朵
- ☐ 胡萝卜半根
- ☐ 春笋半个
- ☐ 食盐、香油各适量

🍴 妈妈这样做

❶ 胡萝卜、鲜香菇、春笋分别洗净切丝，入沸水焯熟，捞出沥干。

❷ 黄瓜洗净，去皮后，切成薄片。

❸ 胡萝卜丝、鲜香菇丝、春笋丝用食盐、香油拌匀，腌 15 分钟后卷入黄瓜皮中即可。

黄瓜卷吃起来脆脆的，吃完一个还想要下一个，根本停不下来。

轻松学快速做	❶ 蔬菜切丝、焯熟 →	❷ 切黄瓜片 →	❸ 腌制蔬菜、卷入黄瓜片

番茄虾仁沙拉

B族维生素 维生素C 蛋白质

准备：10 分钟　　烹饪：5 分钟　　难度：★

这个沙拉和我吃的冰激凌好像啊，既然冰激凌不能多吃，那就经常给我做这种沙拉吧。

准备好

- □ 甜虾仁5个
- □ 小番茄3颗
- □ 红甜椒、黄甜椒、柠檬汁、蛋黄酱、炼乳各适量

妈妈这样做

❶ 甜虾仁处理干净，并上蒸锅隔水蒸5分钟。

❷ 小番茄洗净，对半切开；甜椒洗净，去蒂切成条。

❸ 炼乳加蛋黄酱、柠檬汁调成柠檬蛋黄酱，加甜虾仁、小番茄块、甜椒条搅拌均匀即可。

轻松学快速做　　❶ 蒸甜虾仁　→　❷ 切蔬菜　→　❸ 食材拌匀

绿豆薏米粥

⏰ 准备：1小时　🥄 烹饪：30 分钟　⚠ 难度：⭐

🥄 准备好

☐ 绿豆1小碗

☐ 薏米1小碗

☐ 粳米1小碗

🍴 妈妈这样做

❶ 薏米、绿豆洗净，用水浸泡；粳米洗净。

❷ 将绿豆、薏米、粳米放入锅中，加适量水，煮至熟透即可。

炎热的夏天，妈妈把绿豆薏米粥放凉了给我喝，一碗下肚，立马凉快了。

轻松学快速做	❶ 食材洗净	→	❷ 入锅加水煮熟

奶香瓜球

蛋白质 维生素C 钙

⏱ 准备：1小时　🍳 烹饪：10 分钟　⚠ 难度：⭐

🥄 准备好

- ☐ 冬瓜1小块
- ☐ 鲜奶半盒
- ☐ 海米、水淀粉、食盐各适量

🍴 妈妈这样做

❶ 冬瓜去皮，用挖球器制成冬瓜球。

❷ 提前将海米浸泡1小时，切碎，连泡海米水一起，与冬瓜入锅煮。

❸ 冬瓜煮熟后，倒入鲜奶和食盐，用水淀粉勾芡即可。

> 这个冬瓜球和荔枝好像啊，妈妈，你确定没有放错吗？

轻松学快速做　❶ 制冬瓜球 ⟶ ❷ 切碎海米与冬瓜球同煮 ⟶ ❸ 加鲜奶、勾芡

香杧牛柳

蛋白质 维生素C 膳食纤维

⏰ 准备：10 分钟　🍳 烹饪：10 分钟　⚠ 难度：★★★

🥄 准备好

- ☐ 牛里脊肉200克
- ☐ 杧果1个
- ☐ 鸡蛋清1个
- ☐ 青甜椒、红甜椒、料酒、干淀粉、食盐各适量

🍴 妈妈这样做

❶ 牛里脊肉洗净切成条，加鸡蛋清、食盐、料酒、干淀粉腌制10分钟；杧果去皮，取果肉切粗条。

❷ 油锅烧热，下牛肉条快速翻炒，放入青、红甜椒条继续翻炒。

❸ 出锅前放入杧果条、食盐拌炒一下即可。

妈妈，你要确定我对杧果不过敏再给我吃哦，不然我会很难受的。

轻松学
快速做

❶ 腌牛肉条 ⟶ ❷ 炒牛肉和青、红甜椒 ⟶ ❸ 加杧果条、食盐炒匀

芙蓉丝瓜

⏱ 准备：5 分钟　🍳 烹饪：10 分钟　⚠ 难度：★★

原来丝瓜和鸡蛋搭配这么鲜，妈妈真是个厨房高手。

🥄 准备好

- ☐ 丝瓜1根
- ☐ 鸡蛋清1个
- ☐ 水淀粉、食盐各适量

🍴 妈妈这样做

❶ 丝瓜去皮、洗净，切成小丁。

❷ 油锅烧热，入鸡蛋清炒至凝固，倒入漏勺沥去油。

❸ 另起油锅，放入丝瓜丁、炒熟的蛋清炒匀，加水煮至丝瓜软烂，用水淀粉勾芡，加食盐调味即可。

轻松学
快速做

❶　　　　　　　❷　　　　　　　❸
丝瓜切丁，取蛋清 ⟶ 炒蛋清 ⟶ 丝瓜煮熟、勾芡

冬瓜肝泥卷

铁 碳水化合物 蛋白质

⏰ 准备：10 分钟　🍳 烹饪：5 分钟　⚠ 难度：★★

🥄 准备好

- ☐ 猪肝 30 克
- ☐ 冬瓜 50 克
- ☐ 馄饨皮 10 张
- ☐ 食盐适量

🍴 妈妈这样做

❶ 冬瓜去皮、瓤，洗净后切成末；猪肝洗净，加水煮熟，剁成泥。

❷ 将冬瓜末和猪肝泥混合，加食盐搅拌做成馅，用馄饨皮卷好，上锅蒸熟即可。

老师说要懂得分享，这么好吃的东西，我要和我的小伙伴一起吃。

轻松学
快速做

❶ 处理食材 ⟶ ❷ 做馅、包卷、蒸熟

西葫芦炒番茄

维生素 C 膳食纤维 钙

🕐 准备：5 分钟　🥄 烹饪：10 分钟　⚠️ 难度：★★☆

这个菜看起来水嫩嫩的，我吃了以后会不会变成嫩嫩的"水宝宝"呢？

🥄 准备好

□ 西葫芦半个
□ 番茄1个
□ 蒜片、食盐各适量

🍴 妈妈这样做

❶ 西葫芦洗净，切片；番茄洗净，切小块。

❷ 油锅烧热，放入蒜片爆香，再放入西葫芦片、番茄块翻炒。

❸ 往锅里加少许水煮沸，关火再闷2分钟，加食盐调味即可。

轻松学
快速做

❶ 处理食材 ⟶ ❷ 炒西葫芦和番茄 ⟶ ❸ 关火闷2分钟

苦瓜炒蛋

维生素 C　维生素 A

准备：5 分钟　　烹饪：10 分钟　　难度：⭐

准备好

- □ 苦瓜1根
- □ 鸡蛋2个
- □ 食盐适量

妈妈这样做

❶ 鸡蛋打入碗中加食盐搅匀成蛋液；苦瓜洗净，去瓤，切片。

❷ 油锅烧热，倒入蛋液炒熟盛出。

❸ 锅内倒一点油，加苦瓜片炒熟，再倒入炒熟的鸡蛋翻炒几下，加食盐调味即可。

这个瓜虽然有点苦，但我一点都不怕，因为天气太热，我要"降降火"。

轻松学
快速做

❶ 鸡蛋打散、苦瓜切片 ⟶ ❷ 炒熟鸡蛋 ⟶ ❸ 炒熟苦瓜、加鸡蛋、调味

凉拌豆腐干

蛋白质 卵磷脂 钙

⏰ 准备：5分钟　🍲 烹饪：5分钟　⚠ 难度：⭐

香菜的味道怪怪的，妈妈，下次可不可以少放点呢？

🥄 准备好

☐ 豆腐干2块
☐ 葱花、香菜、食盐、香油各适量

🍴 妈妈这样做

❶ 豆腐干洗净，切成细条，入开水锅烫煮；香菜洗净，切小段。

❷ 将豆腐干条与葱花、香菜混合，再加食盐、香油拌匀即可。

轻松学快速做

❶ 豆腐干切条、烫煮　➡　❷ 食材加调料拌匀

双味毛豆

钾 镁 膳食纤维 蛋白质

⏰ 准备：5 分钟　🍳 烹饪：15 分钟　⚠️ 难度：☆

🥄 准备好

- ☐ 毛豆200克
- ☐ 柠檬1个
- ☐ 白芝麻、黑胡椒粉、食盐各适量

🍴 妈妈这样做

❶ 毛豆剥壳洗净，放入锅中，加足量水煮10分钟，捞出过凉。

❷ 炒熟白芝麻，加食盐磨成碎末成调味料1；擦丝机擦取柠檬表面黄皮，加黑胡椒粉和食盐拌匀成调味料2。

❸ 毛豆分两份，分别撒上两种调味料拌匀即可。

大热天，妈妈做饭就已经很辛苦了，毛豆就让我来剥吧。

轻松学
快速做

❶ 煮毛豆 ⟶ ❷ 制作调味料 ⟶ ❸ 分别撒上调味料

菠萝鸡翅

胡萝卜素 维生素C 蛋白质

⏰ 准备：10 分钟　🍳 烹饪：30 分钟　⚠ 难度：★★

🥄 准备好

- ☐ 鸡翅中5个
- ☐ 菠萝半个
- ☐ 高汤、料酒、白糖、食盐各适量

🍴 妈妈这样做

❶ 鸡翅中洗净，沥干水分；菠萝去皮，洗净，切小块。

❷ 油锅烧热，放入鸡翅中，煎至两面金黄后取出。

❸ 锅内留底油，加白糖，炒至溶化并转金红色，倒入鸡翅中，加食盐、料酒、高汤，大火煮开。

❹ 加入菠萝块，转小火炖至汤汁浓稠即可。

一口菠萝一口鸡翅，酸酸甜甜的，有妈妈在，天气再热也不用担心没食欲。

轻松学
快速做
❶ 菠萝切小块 ⟶ ❷ 煎鸡翅中 ⟶ ❸ 煮鸡翅中 ⟶ ❹ 加菠萝块、收汁

鱼香茭白

准备：5 分钟　烹饪：10 分钟　难度：☆☆

准备好

☐ 茭白 4 根

☐ 姜丝、葱花、
　水淀粉、料
　酒、醋、酱油
　各适量

妈妈这样做

❶ 茭白去外皮，洗净，切滚刀块；料酒、醋、水淀粉、酱油、姜丝、葱花调和成料汁。

❷ 油锅烧热，下茭白炸至表面微微焦黄，捞出沥油。

❸ 锅中留少量油，下茭白、料汁翻炒均匀即可。

妈妈，鱼香茭白为什么没有吃到鱼呢？

轻松学
快速做　❶ 茭白切块、调料汁 ⟶ ❷ 炸茭白 ⟶ ❸ 下茭白、料汁炒匀

番茄炖牛腩

胡萝卜素 蛋白质 膳食纤维

⏰ 准备: 10 分钟　🍳 烹饪: 1.5 小时　⚠️ 难度: ⭐⭐⭐

🥄 准备好

☐ 牛腩250克

☐ 番茄、土豆各1个

☐ 洋葱、姜片、葱花、蒜片、八角、生抽、冰糖、食盐各适量

🍴 妈妈这样做

❶ 牛腩洗净,切块; 土豆去皮,切块; 番茄洗净,去皮,切块; 洋葱洗净,切丁。

❷ 油锅烧热,倒入土豆块煎至两面金黄,捞出备用。

❸ 爆香姜片、洋葱丁、葱花、蒜片,放牛肉块翻炒至变色,放入番茄块、生抽、冰糖、八角,加水没过肉,炖煮1小时。

❹ 将土豆块放入锅中,炖煮15分钟,加食盐收汁即可。

天热不想吃饭, 正需要这酸酸甜甜的开开胃呢。

轻松学
快速做

❶ 处理食材 ⟶ ❷ 煎土豆 ⟶ ❸ 炒食材 ⟶ ❹ 炖熟、收汁

南瓜饼

蛋白质 胡萝卜素 碳水化合物

⏰ 准备: 15分钟 🍳 烹饪: 15分钟 ⚠ 难度: ★★★

🥄 准备好

- ☐ 南瓜100克
- ☐ 糯米粉200克
- ☐ 白糖、红豆沙各适量

🍴 妈妈这样做

❶ 南瓜去子，洗净，包上保鲜膜，用微波炉加热10分钟。

❷ 挖出南瓜肉，加糯米粉、白糖和成面团。

❸ 将红豆沙搓成小圆球作馅，包入南瓜面团中，轻压成饼坯，上锅蒸10分钟即可。

南瓜饼虽然好吃，但我只能吃两个，因为吃太多肚子会胀的。

轻松学 快速做　❶ 加热南瓜 ➡ ❷ 和面团 ➡ ❸ 做饼坯、蒸熟

南瓜牛肉条

蛋白质 氨基酸 膳食纤维

准备:20分钟　烹饪:10分钟　难度:★★

今天的菜，看颜色就很有食欲，就冲这个颜色，我要多吃一碗米饭。

准备好

- □ 牛肉100克
- □ 南瓜1小块
- □ 食盐适量

妈妈这样做

❶ 牛肉焯水洗净,入水中煮至七成熟,捞出切条。

❷ 南瓜去皮、瓤,洗净切条。

❸ 油锅烧热,下南瓜条、牛肉条炒熟后,加食盐调味即可。

轻松学
快速做

❶ 牛肉煮至七成熟 ⟶ ❷ 南瓜切条 ⟶ ❸ 下南瓜条、牛肉条炒熟

山药炒虾仁

维生素C 钙 蛋白质

⏰ 准备：10分钟　🥄 烹饪：10分钟　⚠ 难度：★★★

🥄 准备好

- ☐ 山药半根
- ☐ 虾仁100克
- ☐ 胡萝卜半根
- ☐ 鸡蛋清1个
- ☐ 食盐、白胡椒粉、干淀粉、醋、料酒各适量

🍴 妈妈这样做

❶ 山药、胡萝卜分别去皮，洗净，切片，放入沸水中焯烫。

❷ 虾仁洗净，去虾线，用鸡蛋清、食盐、白胡椒粉、干淀粉腌制片刻。

❸ 油锅烧热，下虾仁炒至变色，捞出备用；放入山药片、胡萝卜片同炒至熟，加醋、料酒、食盐，翻炒均匀，再放入虾仁炒匀即可。

山药真是个好东西，吃了以后，我的小肚子就没有这么胀了。

轻松学快速做　❶ 处理蔬菜　⟶　❷ 处理腌制虾仁　⟶　❸ 食材炒熟、调味

藕丝炒鸡肉

铁 钙 蛋白质

⏰ 准备：5分钟　🥄 烹饪：10分钟　⚠️ 难度：★★

🥄 准备好

- ☐ 鸡肉100克
- ☐ 莲藕1节
- ☐ 红甜椒半个
- ☐ 黄甜椒半个
- ☐ 食盐适量

🍴 妈妈这样做

❶ 莲藕去皮与鸡肉、红甜椒、黄甜椒分别洗净切丝。

❷ 油锅烧热，放入红甜椒丝和黄甜椒丝，炒出香味时，放入鸡肉丝。

❸ 炒到鸡肉丝变色时加藕丝，炒熟后加少许食盐调味即可。

趁着妈妈不注意，拿一块生的藕丝放到嘴里，哇，甜甜的，还很脆呢。

轻松学
快速做
❶ 食材洗净切丝 ⟶ ❷ 炒红、黄甜椒丝 ⟶ ❸ 炒鸡肉、藕丝、调味

板栗红枣粥

⏰准备: 10 分钟　🥄烹饪: 30 分钟　⚠难度: ⭐

🥄准备好

- ☐ 板栗10粒
- ☐ 红枣5颗
- ☐ 粳米50克
- ☐ 白糖适量

🍴妈妈这样做

❶ 将红枣、粳米洗净; 板栗剥皮切小块备用。

❷ 将粳米、切好的板栗放入锅中, 加适量水煮开。

❸ 放入红枣, 熬煮30分钟至黏稠, 出锅前加少量的白糖调味即可。

板栗是妈妈一个一个辛苦剥出来的, 我要好好吃, 不能让妈妈白受累。

轻松学
快速做

❶ 处理食材 ⟶ ❷ 加入板栗煮粥 ⟶ ❸ 放红枣、加白糖调味

百合炒牛肉

蛋白质 钙

⏰ 准备: 25 分钟　🥣 烹饪: 15 分钟　⚠ 难度: ⭐⭐⭐

🥄 准备好

☐ 牛肉150克

☐ 百合10片

☐ 黄甜椒片、红甜椒片、食盐、酱油各适量

🍴 妈妈这样做

❶ 百合片洗净；牛肉洗净，切成薄片放入碗中，加酱油抓匀，腌制20分钟。

❷ 油锅烧热，倒入牛肉片，大火快炒，加入甜椒片、百合片翻炒至牛肉全部变色，加食盐调味即可。

原来花儿的根也可以用来做菜，虽然有点苦，不过就着牛肉吃，就只能尝到香味啦。

轻松学
快速做

❶
腌牛肉片

➡

❷
炒熟、调味

山药扁豆莲子粥

维生素C 蛋白质 碳水化合物

⏰ 准备：1小时　🥄 烹饪：1.5小时　⚠️ 难度：★★

🥄 准备好

- ☐ 白扁豆15克
- ☐ 山药15克
- ☐ 莲子15克
- ☐ 粳米50克

🍴 妈妈这样做

❶ 粳米、白扁豆清洗干净，提前浸泡1个小时。

❷ 山药去皮，洗净，切成丁；莲子洗净，去心。

❸ 锅中放入浸泡好的粳米、白扁豆，煮1个小时后，加入处理好的莲子与山药丁煮熟即可。

妈妈说，吃完这个粥，我就不容易拉肚子了。

轻松学 快速做　❶ 浸泡粳米、白扁豆 ⟶ ❷ 处理山药、莲子 ⟶ ❸ 煮粥

柠檬藕

维生素 C 蛋白质 碳水化合物

⏱ 准备：5 分钟   🍳 烹饪：10 分钟   ⚠ 难度：⭐

🥄 准备好

- ☐ 莲藕1节
- ☐ 柠檬半个
- ☐ 橙汁适量

🍴 妈妈这样做

❶ 莲藕洗净去皮，切薄片；柠檬皮切成丝。

❷ 将莲藕片放入开水中焯熟，晾凉；用手挤柠檬取汁。

❸ 将橙汁与柠檬汁调匀，淋在莲藕片上，撒上柠檬皮丝即可。

又是橙汁又是柠檬，我今天的维生素 C 肯定补足了。

轻松学快速做　❶ 处理食材　→　❷ 焯烫藕片、挤柠檬汁　→　❸ 调味

核桃乌鸡汤

蛋白质 B 族维生素

⏰ 准备：10 分钟　🥄 烹饪：1 小时　⚠ 难度：★★★

🥄 准备好

- ☐ 乌鸡半只
- ☐ 核桃仁 4 颗
- ☐ 枸杞子、葱段、
  姜片、料酒、
  食盐各适量

🥄 妈妈这样做

❶ 乌鸡洗净切块，入水煮沸，去浮沫。

❷ 加核桃仁、枸杞子、料酒、葱段、姜片同煮。

❸ 再开后转小火，炖至肉烂，加食盐调味即可。

我喝了营养的汤，这样就能快些长大，就可以做饭给爸爸妈妈吃了。

轻松学快速做　❶ 处理乌鸡 ➡ ❷ 所有食材同煮 ➡ ❸ 炖烂、调味

虾仁山药饼

维生素 C 蛋白质 钙 碳水化合物

⏰ 准备：10 分钟　　🍳 烹饪：10 分钟　　⚠️ 难度：⭐⭐

🥄 准备好

- ☐ 山药半根
- ☐ 虾仁 20 克
- ☐ 食盐、干淀粉
  各适量

🍴 妈妈这样做

❶ 虾仁处理干净，用食盐、干淀粉腌 10 分钟后切成泥。

❷ 山药洗净切段，入蒸锅蒸熟，磨成泥，与虾仁泥一起制成饼坯。

❸ 油锅烧热，将饼坯两面煎至金黄即可。

可不能小看这个薄薄的饼，其中的钙可丰富了，常吃对牙齿好哦。

轻松学
快速做

❶ 虾仁切成泥　　➡️　　❷ 做饼坯　　➡️　　❸ 煎饼坯

西葫芦饼

维生素 C 钙 碳水化合物

准备: 10 分钟　　烹饪: 10 分钟　　难度: ★★

准备好

- □ 西葫芦 1 个
- □ 面粉 200 克
- □ 鸡蛋 2 个
- □ 食盐适量

妈妈这样做

❶ 鸡蛋打散, 加食盐调味; 西葫芦洗净, 切丝。

❷ 将西葫芦丝放进蛋液里, 加面粉搅拌均匀, 如果面糊稀了就加适量面粉, 如果稠了就加一个鸡蛋。

❸ 油锅烧热, 将面糊放进去, 煎至两面金黄盛盘即可。

> 饼软软的, 正好适合我这还没 "长熟" 的牙齿。

轻松学快速做　❶ 处理食材 ⟶ ❷ 做面糊 ⟶ ❸ 煎饼

芹菜干贝汤

膳食纤维 蛋白质 碳水化合物

🍚 准备: 10 分钟　🥄 烹饪: 10 分钟　⚠ 难度: ★★

> 嫩嫩的芹菜叶，妈妈从来不会扔掉，她说芹菜叶比芹菜茎更有营养。

🥄 准备好

- □ 芹菜250克
- □ 干贝3只
- □ 高汤、葱花、姜末、蒜末、香油、食盐各适量

🍴 妈妈这样做

❶ 芹菜留叶，洗净切段；干贝用温水浸泡，入沸水锅煮软，捞出沥干水。

❷ 锅中加高汤，放入芹菜段、干贝、葱花、姜末、蒜末煮入味，最后放入香油、食盐调味即可。

轻松学
快速做

❶
处理食材　　　➡　　　❷
食材煮熟、调味

枣莲三宝粥

蛋白质　碳水化合物　多种维生素

⏰ 准备: 1 小时　🥄 烹饪: 1.5 小时　⚠ 难度: ★★

🥄 准备好

- ☐ 绿豆20克
- ☐ 粳米80克
- ☐ 莲子、去核红枣各5颗
- ☐ 红糖适量

🍴 妈妈这样做

❶ 绿豆、粳米淘洗干净；莲子、红枣洗净备用。

❷ 将绿豆和莲子放入带盖的容器,加适量开水闷泡1小时。

❸ 将泡好的绿豆、莲子放入锅中,加适量水烧开,再加入红枣和粳米,用小火煮至豆烂粥稠,加适量红糖调味即可。

妈妈说莲子是莲花的果实,莲花那么美,怪不得莲子那么好吃。

轻松学快速做　❶ 洗净食材 ⟶ ❷ 泡绿豆、莲子 ⟶ ❸ 食材煮熟、调味

西蓝花拌黑木耳

膳食纤维 铁 维生素C

⏰ 准备: 10 分钟　🍳 烹饪: 15 分钟　⚠ 难度: ★★☆

🥄 准备好

- ☐ 西蓝花 1 小棵
- ☐ 黑木耳 10 朵
- ☐ 胡萝卜半根
- ☐ 蒜末、生抽、陈醋、白糖、食盐、香油各适量

🍴 妈妈这样做

❶ 黑木耳用温水泡发，洗净，撕小朵；西蓝花掰小朵，入食盐水中浸泡，捞出洗净；胡萝卜洗净，去皮，切丝；生抽、陈醋、白糖、香油、蒜末混合，调成料汁。

❷ 水中加植物油、食盐烧开，分别焯烫黑木耳、西蓝花、胡萝卜丝，捞出过凉，沥干。

❸ 将食材装盘，淋上料汁，拌匀即可。

> 秋天叶子都黄了，看到餐桌上绿油油的菜，心情立马好起来了。

轻松学 快速做　❶ 处理食材、做料汁　⟶　❷ 焯烫食材　⟶　❸ 装盘、调味

松仁玉米

⏰ 准备：5 分钟　　🥄 烹饪：10 分钟　　⚠ 难度：★★

🥄 准备好

- ☐ 玉米粒 150 克
- ☐ 青甜椒 1 个
- ☐ 胡萝卜 1 根
- ☐ 松仁 5 克
- ☐ 食盐适量

🍴 妈妈这样做

❶ 玉米粒洗净；青甜椒、胡萝卜分别洗净，切丁。

❷ 油锅烧热，下松仁翻炒片刻，取出冷却。

❸ 锅留底油，下玉米粒、青甜椒丁、胡萝卜丁翻炒，出锅前加食盐调味，撒上熟松仁即可。

这么鲜艳的颜色，看着就有食欲，筷子夹不住，还是用勺子吧。

轻松学
快速做　　❶ 处理食材　➡　❷ 炒松仁　➡　❸ 炒熟食材、调味

清蒸茄泥

⏰ 准备：5分钟　🥘 烹饪：40分钟　⚠️ 难度：★★

干燥的秋季，来碗润润的茄泥，我的小嗓子可喜欢了。

🥄 准备好

☐ 茄子2根

☐ 芝麻酱、生抽、食盐各适量

🍴 妈妈这样做

❶ 茄子洗净，去皮，切长条备用。

❷ 将茄条放入盘中，入蒸锅隔水蒸20~30分钟，至茄条软烂，压成泥。

❸ 用凉开水稀释芝麻酱，放入生抽和食盐，做成麻酱汁。

❹ 将调好的麻酱汁淋在茄泥上，拌匀即可。

轻松学
快速做　❶茄子洗净，切长条 ⟶ ❷蒸茄条，压成泥 ⟶ ❸做麻酱汁 ⟶ ❹淋麻酱汁

秋葵拌鸡肉

蛋白质 碳水化合物

⏰ 准备：5 分钟　🍳 烹饪：15 分钟　⚠️ 难度：★★

🥄 准备好

- ☐ 鸡胸脯肉 200 克
- ☐ 秋葵 5 根
- ☐ 小番茄 4 颗
- ☐ 柠檬半个
- ☐ 食盐、香油各适量

🍴 妈妈这样做

❶ 锅中放适量水，放入鸡胸脯肉，加适量食盐、植物油，煮至鸡胸脯肉熟透，捞出冷却后，切成小丁。

❷ 秋葵去掉老根，洗净，放入加盐的沸水中氽烫至熟，捞出冷却后切成段；小番茄洗净，对半切开。

❸ 将鸡丁、秋葵段、小番茄放入大碗中，挤适量柠檬汁，淋少许香油即可。

秋天的餐桌上怎么能少了秋葵呢！妈妈要先洗后切，减少营养的流失。

轻松学
快速做

❶ 鸡胸脯肉煮熟、切丁 ⟶ ❷ 处理秋葵、小番茄 ⟶ ❸ 混合食材、调味

三丝木耳

铁 蛋白质 维生素C

⏰ 准备：10 分钟　🍳 烹饪：10 分钟　⚠ 难度：★★★

🥄 准备好

- ☐ 猪瘦肉 150 克
- ☐ 黑木耳 5 朵
- ☐ 黄甜椒 1 个
- ☐ 蒜末、食盐、酱油、干淀粉各适量

🍴 妈妈这样做

❶ 黑木耳泡发好，洗净，切丝；黄甜椒洗净，切丝。

❷ 猪瘦肉洗净切丝，加酱油、干淀粉腌 15 分钟。

❸ 油锅烧热，加蒜末炒香，放入猪瘦肉丝翻炒，再将黑木耳丝、黄甜椒丝放入炒熟，加食盐调味即可。

猪瘦肉和含有维生素C的黄甜椒一起吃，妈妈再也不用担心我缺铁了。

轻松学快速做　❶ 食材洗净、切丝 ⟶ ❷ 腌制猪瘦肉丝 ⟶ ❸ 炒熟食材、调味

酸味豆腐炖肉

蛋白质 钙

⏰ 准备：10 分钟　🍳 烹饪：30 分钟　⚠ 难度：★★★

🥄 准备好

- ☐ 五花肉 50 克
- ☐ 北豆腐 200 克
- ☐ 蛏子 100 克
- ☐ 酸菜 50 克
- ☐ 蒜苗段、姜片、葱花、食盐、白糖各适量

🍴 妈妈这样做

❶ 五花肉洗净，切片；北豆腐洗净，切条；酸菜洗净，沥干水分后，切成段；蛏子洗净，沸水汆烫，沥干备用。

❷ 油锅烧热，倒入北豆腐条，两面煎黄，盛出备用。

❸ 另起油锅，爆香姜片、葱花，加入五花肉翻炒出香味，加入水、酸菜段、食盐、白糖，炖煮 15 分钟，加入蒜苗段、北豆腐条、蛏子，略煮即可。

妈妈做的饭越来越好吃了，酸酸鲜鲜的汤喝下去，立马暖和了。

轻松学快速做　　❶ 处理食材 ⟶ ❷ 煎北豆腐条 ⟶ ❸ 炖熟食材、调味

奶油娃娃菜

维生素 C 蛋白质 钙

准备：5 分钟   烹饪：10 分钟   难度：★

准备好

- □ 娃娃菜 1 棵
- □ 牛奶 100 毫升
- □ 高汤、干淀粉、
   食盐各适量

妈妈这样做

❶ 娃娃菜洗净，切小段；牛奶倒入干淀粉中搅匀成牛奶汁。

❷ 油锅烧热，倒入娃娃菜段煸炒，加些高汤，烧至八成熟。

❸ 倒入调好的牛奶汁，加食盐，再烧开即可。

虽然我已经长大了，可还是不能抵抗奶香味。

轻松学
快速做

❶ 处理食材 ⟶ ❷ 炒娃娃菜 ⟶ ❸ 加牛奶汁、食盐调味

芋头排骨汤

膳食纤维 蛋白质 碳水化合物

⏰ 准备：10 分钟　🥄 烹饪：1 个小时　⚠ 难度：★★★

🥄 准备好

- ☐ 排骨100克
- ☐ 芋头2个
- ☐ 料酒、葱花、姜片、食盐各适量

🍴 妈妈这样做

❶ 芋头去皮洗净，切块；排骨洗净，切段，放入开水中烫一下，去血沫后捞出备用。

❷ 先将排骨段、姜片、葱花、料酒放入锅中，加适量水，用大火煮沸，转中火焖煮15分钟。

❸ 拣出姜片，加入芋头块和食盐，小火慢煮45分钟即可。

妈妈说芋头是肠道的"清洁工"，那我要多吃点，让它好好扫扫我的小肚子。

轻松学
快速做

❶ 处理食材 ➡ ❷ 焖煮排骨 ➡ ❸ 食材炖熟、调味

白菜肉丸子

蛋白质 膳食纤维

🕐 准备：20 分钟 　🍲 烹饪：10 分钟 　⚠ 难度：★★★

🥄 准备好

- ☐ 小白菜2棵
- ☐ 猪肉末200克
- ☐ 鸡蛋清1个
- ☐ 姜末、葱花、生抽、白胡椒粉、香油、食盐各适量

🍴 妈妈这样做

❶ 小白菜洗净，切成小段备用。

❷ 猪肉末加鸡蛋清、姜末、葱花、食盐、生抽、白胡椒粉，顺时针搅拌均匀成肉馅。

❸ 将肉馅做成一个个丸子。

❹ 锅中放水烧开，放入丸子，再次烧开后撇去浮沫，放入小白菜段煮熟后，加入适量食盐、香油调味即可。

丸子虽然很好吃，可我还是要慢慢吃，防止它一不小心滑到我的嗓子里。

轻松学快速做

❶ 小白菜切段 ⟶ ❷ 做肉馅 ⟶ ❸ 做丸子 ⟶ ❹ 煮熟食材、调味

滑菇炖牛肉

蛋白质 氨基酸 铁

⏰ 准备：10 分钟　🥘 烹饪：40 分钟　⚠ 难度：★★★

🍴 准备好

- ☐ 茶树菇 1 小把
- ☐ 牛肉 300 克
- ☐ 胡萝卜 1 根
- ☐ 姜 2 片
- ☐ 食盐、老抽、料酒、白胡椒粉、葱花各适量

🍴 妈妈这样做

❶ 茶树菇除去根部，清洗干净；胡萝卜洗净切片；牛肉洗净切小块，加入放少许料酒的开水中汆烫后，捞出备用。

❷ 油锅烧热，放入汆烫好的牛肉块翻炒至变色后，加少许老抽炒匀。

❸ 加入姜片和适量水烧开后，放入茶树菇、胡萝卜片，炖30 分钟，加少许食盐、白胡椒粉调味，出锅前放入葱花即可。

牛肉被妈妈煮得软软的，吃了以后瞬间觉得能量满满。

轻松学
快速做

❶ 处理食材 ⟶ ❷ 炒牛肉 ⟶ ❸ 食材炖熟、调味

蒸白菜肉卷

膳食纤维　蛋白质　多种维生素

准备: 10分钟　　烹饪: 30分钟　　难度: ★★★

准备好

- ☐ 猪肉末300克
- ☐ 白菜叶2片
- ☐ 干香菇、黑木耳各5朵
- ☐ 胡萝卜半根
- ☐ 食盐、酱油、蒜末、香油、葱花各适量

妈妈这样做

❶ 干香菇、黑木耳泡发与胡萝卜分别洗净切成小丁; 白菜叶焯烫至八成熟捞出, 切条备用。

❷ 猪肉末中放入香菇丁、黑木耳丁、胡萝卜丁、葱花、蒜末, 加入适量香油、酱油、食盐搅拌均匀成肉馅。

❸ 将肉馅均匀地放在焯烫好的白菜叶上, 卷好。

❹ 将白菜肉卷放入蒸锅中, 隔水蒸15分钟即可。

> 妈妈把白菜和我爱吃的肉卷在一起, 白菜也变得好吃了呢。

轻松学快速做　　❶ 处理食材　→　❷ 做肉馅　→　❸ 卷白菜肉卷　→　❹ 上锅蒸熟

白萝卜汤

膳食纤维 钙

⏰准备：5分钟　🥣烹饪：15分钟　⚠️难度：⭐

🥄准备好

- ☐ 白萝卜1根
- ☐ 香菜、食盐、高汤各适量

🍴妈妈这样做

❶ 白萝卜去皮洗净，切块；香菜洗净切成段，备用。

❷ 油锅烧热，放入白萝卜块翻炒片刻，加入高汤烧开后，转小火，烧至萝卜软烂，放食盐调味，撒上香菜段即可。

这个汤味道怪怪的，不过妈妈说冬天的萝卜赛人参，我会好好喝的。

轻松学 快速做　　❶ 处理食材　　⟶　　❷ 熬汤、调味

卷心菜蒸蛋豆腐

维生素 C　蛋白质　钙

准备：5 分钟　　烹饪：1o 分钟　　难度：★

准备好

- ☐ 卷心菜嫩叶 2 片
- ☐ 鸡蛋黄 1 个
- ☐ 豆腐 1/4 块
- ☐ 香油、食盐各适量

妈妈这样做

❶ 将卷心菜叶洗净，切碎备用。

❷ 豆腐与鸡蛋黄搅拌成泥状，加入适量水，再加入卷心菜碎、食盐搅拌均匀。

❸ 放入蒸锅隔水蒸熟后，淋少许香油即可。

豆腐和鸡蛋的颜色混在一起根本分不清，那我就把它们一起吃掉吧。

轻松学
快速做

❶ 卷心菜切碎　　→　　❷ 混合食材　　→　　❸ 蒸熟

双色菜花

维生素 C 胡萝卜素 硒

准备：5 分钟　　烹饪：10 分钟　　难度：★

准备好

- ☐ 菜花1小棵
- ☐ 西蓝花1小棵
- ☐ 蒜蓉、食盐、水淀粉各适量

妈妈这样做

❶ 将菜花、西蓝花分别洗净，掰小朵。

❷ 将菜花与西蓝花放入开水中焯烫一下，捞出备用。

❸ 油锅烧热，加入焯烫过的菜花与西蓝花翻炒，加蒜蓉、食盐调味。

❹ 用水淀粉勾薄芡即可。

> 今天才知道除了绿色的菜花，还有白色的，还会有其他颜色的吗？

轻松学快速做　　❶ 处理食材　→　❷ 焯烫食材　→　❸ 炒熟、调味　→　❹ 勾薄芡

香菇鸡丝粥

B 族维生素　蛋白质　碳水化合物

⏲ 准备：10 分钟　🥄 烹饪：30 分钟　⚠ 难度：⭐

🥄 准备好

- ☐ 鸡肉 50 克
- ☐ 粳米 30 克
- ☐ 干黄花菜 10 克
- ☐ 鲜香菇 3 朵
- ☐ 食盐适量

🍴 妈妈这样做

❶ 干黄花菜浸泡洗净，切段；鲜香菇用水浸泡后，去蒂、洗净，切丝；鸡肉洗净，切丝；粳米淘净。

❷ 将粳米、黄花菜段、香菇丝放入锅内煮沸，再放入鸡丝煮至粥黏稠，加食盐调味即可。

> 寒冷的冬天，喝几口热乎乎的粥，还有香香的鸡肉和香菇，从里到外都暖起来了。

| 轻松学快速做 | ❶ 处理食材 | ➡ | ❷ 煮粥 |

白灼金针菇

⏰准备：5分钟　🍳烹饪：5分钟　⚠难度：⭐

🥄准备好

- ☐ 金针菇100克
- ☐ 生抽、白糖、食盐各适量

🍴妈妈这样做

❶ 金针菇去根洗净，入沸水焯烫1分钟，捞出，沥干，装盘。

❷ 生抽加白糖、食盐搅拌均匀，浇在金针菇上。

❸ 油烧热，淋到金针菇上即可。

金针菇吃着很劲道，不过妈妈不给我多吃，说会消化不良。

轻松学
快速做
❶ 处理金针菇 ⟶ ❷ 浇调料汁 ⟶ ❸ 浇热油

香菇虾仁蒸蛋

蛋白质 钙 维生素E

🕐 准备：30分钟　　🍲 烹饪：20分钟　　⚠️ 难度：★★

🥄 准备好

- ☐ 干香菇3朵
- ☐ 虾仁2个
- ☐ 鸡蛋1个
- ☐ 食盐、香油各适量

🍴 妈妈这样做

❶ 干香菇泡发、洗净，去蒂，切碎；虾仁处理干净，切碎。

❷ 鸡蛋打散，加凉开水、食盐搅匀，放入蒸锅蒸至半熟。

❸ 将香菇碎、虾仁碎撒入蛋羹表面，蒸熟后，淋入少许香油即可。

这个蒸蛋嫩得都不用嚼，直接就从嘴里滑到肚子里了，幸好虾仁和香菇都切碎了。

轻松学快速做　❶ 洗净、切碎食材 ➡️ ❷ 蒸鸡蛋 ➡️ ❸ 蒸剩下食材、调味

西蓝花炒肉丁

蛋白质 碳水化合物 膳食纤维

⏰ 准备:10分钟　🍳 烹饪:10分钟　⚠ 难度:⭐⭐

🥄 准备好

- ☐ 猪瘦肉50克
- ☐ 西蓝花1小棵
- ☐ 食盐适量

🍴 妈妈这样做

❶ 猪瘦肉洗净,切丁;西蓝花洗净掰成小朵,焯烫后捞出。

❷ 油锅烧热,放入猪瘦肉丁,快炒熟时,放入西蓝花略炒,加少量食盐调味即可。

> 西蓝花已经是我家桌上的常菜了,不过妈妈变换着花样做给我吃,我怎么也吃不够。

轻松学
快速做

❶ 处理食材 ⟶ ❷ 炒熟、调味

黑木耳炒肉末

蛋白质 铁

准备：5 分钟　　　烹饪：10 分钟　　　难度：⭐

准备好

- ☐ 猪肉末 50 克
- ☐ 黑木耳 10 朵
- ☐ 食盐适量

妈妈这样做

❶ 黑木耳泡发后，择洗干净，切碎。

❷ 油锅烧热，下猪肉末炒至变色，下黑木耳，炒熟后加食盐炒匀即可。

黑木耳吃起来很Q弹，还可以让我拉便便很顺畅。

轻松学
快速做

❶
黑木耳切碎　　➡️　　❷
食材炒熟、调味

第四章
一日三餐，给孩子最佳营养搭配

　　孩子正在长身体，上班妈妈怎么才能做出营养、美味又快捷的营养早餐？孩子挑食不爱吃菜，辛辛苦苦搭配的午餐，可孩子只吃自己喜欢的；晚上孩子吃得少，一到夜里就会饿醒。让营养师和美食辣妈一起，为孩子的一日三餐做出完美搭配。让早餐成为孩子的起床动力和能量之源；让不爱吃菜的孩子爱上吃菜；不哄不骗，让孩子乖乖地坐到餐桌前。其实，一日三餐，也没那么难。

番茄厚蛋烧

蛋白质 B族维生素 胡萝卜素

⏰ 准备：5分钟　🥄 烹饪：15分钟　⚠️ 难度：★★

🍴 准备好

- ☐ 鸡蛋2个
- ☐ 番茄1个
- ☐ 食盐适量

🍴 妈妈这样做

❶ 番茄洗净，去皮，切碎末，加入鸡蛋液和食盐搅匀。

❷ 油锅烧热，将搅拌好的番茄鸡蛋液均匀地铺在锅底，将蛋卷煎至两面金黄后，用锅铲从一边卷起，成蛋卷。

❸ 盛出，切段，装盘即可。

这么漂亮，我都舍不得吃了，谢谢妈妈的爱心早餐。

轻松学 快速做　❶ 做蛋液　　❷ 煎蛋卷　　❸ 切段、装盘

萝卜虾泥馄饨

维生素C 胡萝卜素 蛋白质

🕐 准备：15分钟　🥄 烹饪：10分钟　⚠ 难度：⭐⭐

> 馄饨真是太鲜了，要不是怕上幼儿园迟到，我真想再来一碗。

🥄 准备好

- □ 馄饨皮15个
- □ 白萝卜、胡萝卜、虾仁各20克
- □ 鸡蛋1个
- □ 食盐、香油、葱花、姜末各适量

🍴 妈妈这样做

❶ 白萝卜、胡萝卜、虾仁分别洗净，剁碎；鸡蛋打成蛋液。

❷ 油锅烧热，放葱花、姜末，下入虾仁碎煸炒，再放入蛋液，划散后盛起放凉。

❸ 把所有馅料混合，加食盐和香油调成馅。

❹ 馄饨皮放入馅，包成馄饨，煮熟后放入适量食盐调味，撒上葱花即可。

轻松学快速做　❶ 处理食材 ⟶ ❷ 炒虾仁、鸡蛋 ⟶ ❸ 做馅 ⟶ ❹ 包馄饨、煮熟

南瓜小米粥

准备：10 分钟　　烹饪：30 分钟　　难度：⭐

准备好

- ☐ 南瓜 1/2 个
- ☐ 小米 1 小碗
- ☐ 冰糖适量

妈妈这样做

❶ 小米淘洗干净；南瓜洗净，削皮，去瓤切小块。

❷ 小米、南瓜块放入锅中，加水煮开后，转小火煮至南瓜块熟透，加入适量冰糖调味即可。

> 一大早就闻到了南瓜粥香，我要赶紧起床吃饭，不然上学要迟到了。

轻松学快速做　　❶ 处理食材　　➡　　❷ 煮粥、调味

山药三明治

维生素 C　膳食纤维　蛋白质　碳水化合物

🕐 准备: 10 分钟　🥄 烹饪: 20 分钟　⚠ 难度: ★★

妈妈知道我最爱三明治，每次都会变着花样做给我吃，下次会做什么三明治呢？好期待呀。

🥄 准备好

□ 吐司 2 片
□ 山药 1 根
□ 玉米粒、沙拉酱、培根各适量

🍴 妈妈这样做

❶ 吐司切边；山药去皮、洗净；玉米粒洗净；培根切碎。

❷ 将山药切成片，上蒸锅隔水蒸熟，压成山药泥。

❸ 油锅烧热，放入玉米粒、培根碎炒熟，盛出与山药泥混合，搅拌均匀成山药馅，放凉备用。

❹ 吐司的一面均匀地抹上沙拉酱，铺上一层山药馅，盖上另一片吐司，切开即可。

轻松学快速做
❶ 处理食材 ➡ ❷ 做山药泥 ➡ ❸ 做山药馅 ➡ ❹ 做三明治

鸡肉卷

⏱ 准备：10分钟　🥄 烹饪：20分钟　⚠ 难度：★★★

🥄 准备好

- ☐ 鸡胸脯肉 300克
- ☐ 鸡蛋2个
- ☐ 面粉、食盐 各适量

🍴 妈妈这样做

❶ 鸡胸脯肉洗净，切成末，加适量食盐搅拌均匀成鸡肉馅，放入锅中炒熟备用。

❷ 鸡蛋打散，加适量面粉、水搅拌均匀成鸡蛋糊。

❸ 油锅烧热，倒入鸡蛋糊摊平，凝固后倒入炒熟的鸡肉馅，用锅铲从一边卷起，成鸡肉卷。

❹ 将鸡肉卷煎至两面金黄后盛出，切成段，装盘即可。

> 鸡肉卷小小的一个，我的小手拿着正好，妈妈真是细心呢！

轻松学
快速做
　❶ 炒鸡肉馅 ⟶ ❷ 做鸡蛋糊 ⟶ ❸ 卷鸡肉卷 ⟶ ❹ 切段、装盘

什锦面

胡萝卜素 蛋白质 钙 碳水化合物

🐭 准备：10 分钟　🍳 烹饪：15 分钟　⚠ 难度：★★

> 什锦是什么意思呢？妈妈说我把这碗面条吃完就告诉我，所以我要大口大口快快吃。

🍴 准备好

- 面条100克
- 鲜香菇、胡萝卜、豆腐、海带各20克
- 香油、食盐各适量

🍴 妈妈这样做

❶ 鲜香菇、胡萝卜分别洗净切丝；豆腐切条；海带切丝。

❷ 面条放入水中煮熟，放入香菇丝、胡萝卜丝、豆腐条和海带丝稍煮，出锅前加食盐调味，淋香油即可。

轻松学快速做

❶ 食材切丝 ⟶ ❷ 面条和食材煮熟、调味

银耳莲子绿豆汤

维生素 C　蛋白质

⏰ 准备：2 小时　🥄 烹饪：40 分钟　⚠ 难度：★★★

🥄 准备好

- ☐ 银耳1朵
- ☐ 莲子10颗
- ☐ 枸杞子10颗
- ☐ 绿豆1小碗
- ☐ 冰糖适量

🍴 妈妈这样做

❶ 莲子去心、洗净，与绿豆提前浸泡2小时；银耳泡发后撕成小朵备用；枸杞子洗净。

❷ 锅中放适量水，放入浸泡好的绿豆、莲子煮熟。

❸ 煮熟后放入银耳、枸杞子再煮10分钟至银耳软烂，加适量冰糖调味即可。

今天的汤甜甜的，早上来一碗，一整天心情都美美的。

轻松学
快速做

❶ 食材洗净、浸泡 → ❷ 煮绿豆、莲子 → ❸ 食材全部煮熟、调味

生煎包

碳水化合物 蛋白质

⏰ 准备：10 分钟　🥄 烹饪：40 分钟　⚠ 难度：★★★

🍴 准备好

- ☐ 面粉250克
- ☐ 猪肉末200克
- ☐ 酵母、酱油、姜末、葱花、食盐、香油各适量

🍴 妈妈这样做

❶ 面粉加水、酵母揉成面团，发酵至两倍大备用；猪肉末中加适量食盐、酱油、姜末、葱花搅拌均匀成猪肉馅。

❷ 将发酵好的面团，分成一个个小剂子，依次擀成圆皮，包入猪肉馅成包子，全部包好后饧10分钟。

❸ 油锅烧热转小火，放入包好的包子，煎10分钟后，放入适量水，盖盖焖熟。

❹ 待水收干后，淋入香油即可。

> 刚出锅的包子会很烫，要吹凉了才能吃哦。

轻松学快速做　❶ 和面、做馅 ⟶ ❷ 包包子 ⟶ ❸ 煎包子 ⟶ ❹ 收汁、淋香油

芹菜虾皮燕麦粥

膳食纤维 蛋白质 B 族维生素

⏰准备：10 分钟　🥄烹饪：30 分钟　⚠难度：★★

妈妈，今天的粥里面没有米哦，虽然口感不是很软糯，不过味道棒棒的。

🥄准备好

- ☐ 虾皮20克
- ☐ 芹菜、燕麦仁各50克
- ☐ 食盐适量

🍴妈妈这样做

❶ 芹菜摘去老叶后，洗净，切丁；燕麦仁洗净，提前浸泡10分钟。

❷ 锅置火上，加入燕麦仁和适量水，大火烧沸后改小火，放入虾皮。

❸ 待粥煮熟时，放入芹菜丁，略煮片刻后加食盐调味即可。

轻松学快速做　❶ 处理食材　➡️　❷ 煮燕麦仁和虾皮　➡️　❸ 放入芹菜丁、调味

烤吐司

⏰ 准备: 10 分钟　🍳 烹饪: 10 分钟　🌡 难度: ⭐⭐

🥄 准备好

- ☐ 吐司 1 片
- ☐ 小番茄 3 颗
- ☐ 西蓝花 1 小棵
- ☐ 马苏里拉芝士 15 克
- ☐ 比萨酱适量

🍴 妈妈这样做

❶ 小番茄洗净, 对半切开; 西蓝花洗净, 掰成小朵。

❷ 吐司一面均匀刷上比萨酱, 撒上马苏里拉芝士, 铺上小番茄、西蓝花, 再撒上少许马苏里拉芝士成吐司小比萨。

❸ 烤箱预热至 200℃, 放入吐司小比萨, 烤 8~10 分钟至吐司表面金黄、芝士熔化即可。

还是第一次吃这么小的吐司比萨, 不过妈妈做的一点都不比外面差。

轻松学 快速做

❶ 处理食材 ➝ ❷ 吐司上放食材 ➝ ❸ 烤吐司

西蓝花牛肉意面

维生素 C 蛋白质 碳水化合物

⏰ 准备: 15分钟　🥄 烹饪: 15分钟　⚠️ 难度: ⭐⭐

🥄 准备好

- ☐ 通心粉100克
- ☐ 西蓝花1小棵
- ☐ 牛肉100克
- ☐ 柠檬半个
- ☐ 食盐、橄榄油各适量

🍴 妈妈这样做

❶ 西蓝花洗净,掰成小朵;牛肉洗净切碎,用食盐腌制10分钟。

❷ 油锅烧热,放入腌好的牛肉碎,翻炒至呈深褐色关火;另起一锅,加水烧开,放入通心粉,快煮熟时放入西蓝花,全部煮好时捞出沥干。

❸ 煮熟的通心粉和西蓝花盛入盘中,撒上牛肉碎,淋上橄榄油,挤入适量柠檬汁即可。

拿出我的小叉子、小盘子,跟爸爸妈妈吃个西式的早餐。

轻松学快速做　❶ 处理食材 ⟶ ❷ 炒牛肉、煮通心粉和西蓝花 ⟶ ❸ 摆盘、调味

火腿洋葱摊鸡蛋

蛋白质 氨基酸

⏰ 准备：5 分钟　　🥘 烹饪：10 分钟　　⚠ 难度：⭐

早上还想赖在床上撒娇呢，可闻到厨房里飘来的香味，忍不住自己爬起来了。

准备好

- ☐ 鸡蛋3个
- ☐ 洋葱半个
- ☐ 火腿肠、食盐各适量

妈妈这样做

❶ 洋葱洗净，切成丁；火腿肠切成丁。

❷ 鸡蛋打散加入洋葱丁、火腿肠丁、适量食盐搅拌均匀成蛋液。

❸ 油锅烧热，倒入蛋液，小火煎至一面金黄，翻过来煎至另外一面金黄后，盛出，切成三角块即可。

轻松学
快速做

❶ 食材切丁 → ❷ 做蛋液 → ❸ 煎蛋饼

咸蛋黄馒头粒

碳水化合物 蛋白质 卵磷脂

⏰ 准备：5 分钟　🥘 烹饪：10 分钟　⚠ 难度：⭐⭐

🥄 准备好

- ☐ 杂粮馒头 1 个
- ☐ 鸡蛋 1 个
- ☐ 熟咸蛋黄适量

🍴 妈妈这样做

❶ 杂粮馒头切成丁，放入打散的鸡蛋中搅拌均匀，让馒头丁均匀地裹上蛋液；熟咸蛋黄碾碎备用。

❷ 油锅烧热，放入裹上蛋液的馒头丁，煎至金黄盛出。

❸ 撒上碾碎的熟咸蛋黄，搅拌均匀即可。

妈妈为了让我好好吃馒头，可费尽了心思，馒头粒大小正好，我可以一口吃一个。

轻松学
快速做

❶ 处理食材　➡　❷ 煎馒头丁　➡　❸ 撒上熟咸蛋黄

牛肉蒸饺

蛋白质 氨基酸 碳水化合物

⏰ 准备：1分钟　🍳 烹饪：40 分钟　⚠️ 难度：★★☆

🥄 准备好

☐ 牛肉末300克
☐ 饺子皮、食盐、
　酱油、香油各
　适量

🍴 妈妈这样做

❶ 牛肉末中加食盐、酱油、香油搅拌均匀成牛肉馅。
❷ 将牛肉馅包入饺子皮中，做成饺子。
❸ 饺子上笼蒸熟即可。

还没有睡醒，就闻到蒸饺的香味了，妈妈说吃牛肉可以变得强壮，那以后妈妈就由我来保护吧。

轻松学
快速做

❶ 做牛肉馅 　➡️　 ❷ 包饺子 　➡️　 ❸ 蒸熟

下饭蒜焖鸡

蛋白质　维生素 A　维生素 C

⏰ 准备: 25 分钟　🥄 烹饪: 30 分钟　⚠ 难度: ★★★

> 蒜瓣烧得软软的，不用担心味道很难闻，鸡肉很是入味，这么下去我都要变成小美食家了。

🍴 准备好

- ☐ 鸡块250克
- ☐ 黄甜椒、红甜椒各1个
- ☐ 去皮蒜瓣10个
- ☐ 姜片、料酒、海鲜酱、蚝油、白糖各适量

🍴 妈妈这样做

❶ 鸡块洗净，用蚝油腌制20分钟；黄甜椒、红甜椒洗净，切块。

❷ 油锅烧热，放入姜片、鸡块，小火煸炒至鸡肉出油脂，加入料酒，炒至酒气散尽。

❸ 加入蒜瓣，翻炒至变色，加入适量的海鲜酱、蚝油、白糖，翻炒至鸡块上色；再加水没过鸡块，大火烧开，小火收汁，加甜椒块翻炒一下即可。

轻松学快速做

❶ 腌鸡块、切甜椒 ⟶ ❷ 炒鸡块 ⟶ ❸ 加甜椒块、炒熟

香煎三文鱼

蛋白质 虾青素 ω-3 脂肪酸

⏱ 准备：5 分钟   🥣 烹饪：10 分钟   ⚠ 难度：⭐

🥄 准备好

- ☐ 三文鱼350克
- ☐ 葱花、姜末、
   食盐各适量

🍴 妈妈这样做

❶ 三文鱼处理干净，用葱花、姜末、食盐腌制。

❷ 热锅冷油，放入腌入味的三文鱼，两面煎熟即可。

妈妈说这种鱼很贵，
我要把它吃光光，
可不能浪费了。

轻松学
快速做

❶
腌制三文鱼
⟶
❷
煎三文鱼

麦香鸡丁

蛋白质 B族维生素 膳食纤维

准备: 5分钟　　烹饪: 15分钟　　难度: ★★★

准备好

- ☐ 鸡胸脯肉250克
- ☐ 燕麦片50克
- ☐ 白胡椒粉、食盐、水淀粉各适量

妈妈这样做

❶ 鸡胸脯肉用温水洗净, 切丁, 用食盐、水淀粉搅拌上浆。

❷ 油锅烧四成热, 放入鸡丁滑油捞出; 烧六成热, 倒入燕麦片, 炸至金黄色, 捞出沥油。

❸ 锅留底油, 倒入炸好的鸡丁、燕麦片翻炒, 加入适量的白胡椒粉、食盐调味即可。

妈妈说这种油炸的食物, 只能偶尔给我做一次。

轻松学快速做　❶ 处理鸡胸脯肉 —→ ❷ 炸鸡丁、燕麦片 —→ ❸ 混合炒制、调味

时蔬鱼丸

蛋白质 维生素C 胡萝卜素

⏰ 准备：10 分钟　　🥘 烹饪：15 分钟　　⚠ 难度：⭐

不同的季节里有
不同的蔬菜，妈妈
要给我吃最新鲜
的哦。

🍴 准备好

- ☐ 鱼丸10个
- ☐ 洋葱半个
- ☐ 胡萝卜半根
- ☐ 西蓝花1小棵
- ☐ 食盐、白糖、
  酱油各适量

🍴 妈妈这样做

❶ 洋葱、胡萝卜分别去皮，洗净，切丁；西蓝花洗净，掰成小朵备用。

❷ 油锅烧热，倒入洋葱丁、胡萝卜丁，翻炒至熟，加水烧沸，放入鱼丸、西蓝花，煮熟后加食盐、白糖、酱油调味即可。

轻松学
快速做

❶
处理食材　　→　　❷
煮熟食材、调味

清炒扁豆丝

蛋白质 维生素C 胡萝卜素

🕐准备：10 分钟　🥄烹饪：10 分钟　⚠️难度：⭐

🥄准备好

- ☐ 扁豆250克
- ☐ 红甜椒丝、葱花、姜末、食盐各适量

🍴妈妈这样做

❶ 扁豆撕去筋，洗净，切丝。

❷ 油锅烧热，爆香葱花、姜末，倒入扁豆丝翻炒断生，放入适量的食盐调味。

❸ 炒熟后盛出，放上红甜椒丝点缀即可。

妈妈的刀功真不错，能把小小的扁豆切得这么细，甜椒丝在上面就像扁豆的头发一样。

轻松学快速做　❶ 扁豆切丝　➡️　❷ 炒熟、调味　➡️　❸ 装饰

干烧黄鱼

蛋白质 B 族维生素 碘 脂肪

⏰ 准备：15 分钟　🥄 烹饪：25 分钟　⚠ 难度：★★★

妈妈说爱吃鱼的小朋友最聪明，为了做个聪明的孩子，我要好好吃鱼。

🥄 准备好

- ☐ 黄鱼1条
- ☐ 干香菇4朵
- ☐ 五花肉50克
- ☐ 姜片、葱段、蒜片、料酒、酱油、白糖、食盐各适量

🍴 妈妈这样做

❶ 黄鱼去鳞及内脏，洗净；干香菇泡发，洗净，切小丁；五花肉洗净，切丁。

❷ 油锅烧热，放入处理好的黄鱼，双面煎炸至微黄，盛出备用。

❸ 另起油锅，放入五花肉丁和姜片、蒜片、葱段、香菇丁炒香，再放入炸好的黄鱼，加入适量料酒、酱油、白糖、水烧开，转小火，熬煮15分钟后，加适量食盐调味即可。

轻松学快速做

❶ 处理食材 ➡ ❷ 煎炸黄鱼 ➡ ❸ 煮熟所有食材、调味

蒜蓉空心菜

🕐 准备：5 分钟　🥄 烹饪：5 分钟　⚠ 难度：⭐

🍴 准备好

□ 空心菜1大把
□ 蒜末、食盐、香油各适量

🍴 妈妈这样做

❶ 空心菜洗净，放入沸水中焯至断生，捞出沥干后切段。

❷ 用少量温开水调匀蒜末、食盐后，淋入香油，调成调味汁。

❸ 将调味汁和空心菜拌匀即可。

既要吃肉也要吃菜，我要做个不挑食的好孩子。

轻松学快速做　❶ 处理空心菜 ⟶ ❷ 做调味汁 ⟶ ❸ 拌匀

丝瓜牛柳拌饭

蛋白质 维生素 C 碳水化合物

🐭 准备：15 分钟　　🥄 烹饪：20 分钟　　⚠ 难度：★★

🥄 准备好

- ☐ 牛肉 200 克
- ☐ 丝瓜 1 根
- ☐ 胡萝卜半根
- ☐ 现做二米饭 1 碗
- ☐ 葱白丝、姜末、料酒、酱油、食盐、水淀粉各适量

🍴 妈妈这样做

❶ 牛肉洗净，切成丝，放入适量料酒、酱油、食盐腌制 15 分钟；胡萝卜洗净切丁；丝瓜洗净去皮切丁。

❷ 油锅烧热，放入葱白丝、姜末炒香，放入腌制好的牛肉丝，炒至八成熟时，放入胡萝卜丁、丝瓜丁炒熟后，倒入水淀粉勾芡，加适量食盐调味。

❸ 翻炒均匀后盛出，倒入二米饭中，搅拌均匀即可。

> 妈妈做的饭太好吃了，不过我还是要注意妈妈教我的就餐礼仪，不能狼吞虎咽。

轻松学快速做　　❶ 处理食材　→　❷ 食材炒熟　→　❸ 拌饭

鸡丝麻酱荞麦面

蛋白质 维生素 B₂ 碳水化合物

⏰ 准备：10 分钟　🍳 烹饪：10 分钟　⚠ 难度：★★☆

味溜味溜，
一碗面一会
儿就吃完了。

🍴 准备好　🍴 妈妈这样做

□ 熟鸡胸脯肉100克

□ 荞麦面条80克

□ 芝麻酱、食盐各
　适量

❶ 荞麦面条煮熟过凉，沥干水分放入盘中。

❷ 芝麻酱加入食盐、凉开水，朝一个方向搅拌开，淋在
　面上。

❸ 将熟鸡胸脯肉撕成丝，与面拌匀即可。

轻松学 快速做

❶ 煮面条　→　❷ 淋入芝麻酱　→　❸ 放入鸡肉丝拌匀

虾仁西蓝花

准备：10 分钟　　烹饪：15 分钟　　难度：★★

准备好

- ☐ 虾仁 30 克
- ☐ 鸡蛋 1 个
- ☐ 西蓝花 1 小棵
- ☐ 红甜椒 1 个
- ☐ 食盐、干淀粉、高汤各适量

妈妈这样做

❶ 鸡蛋磕破，取蛋清；虾仁洗净，用食盐、蛋清及干淀粉搅拌均匀；西蓝花洗净，掰成小朵；红甜椒洗净，切成菱形段。

❷ 油锅烧热，放入虾仁快速煸炒，再放入西蓝花、红甜椒煸炒，加入适量高汤，煮沸即可。

妈妈说，虾仁是高钙低脂肪食品，我不用担心长胖啦！

轻松学
快速做

❶
处理食材
➡
❷
食材炒熟、煮沸

三鲜水饺

蛋白质 钙 胡萝卜素 碳水化合物

准备: 30 分钟　烹饪: 10 分钟　难度: ★★

准备好

- ☐ 猪肉末200克
- ☐ 虾仁10个
- ☐ 韭菜1把
- ☐ 饺子皮、姜末、葱花、食盐、酱油各适量

妈妈这样做

❶ 将韭菜、虾仁分别洗净，切成碎末。

❷ 准备一个大碗，倒入猪肉末、虾仁末、韭菜末，加入葱花、姜末、适量食盐和酱油搅拌均匀成馅。

❸ 饺子皮上放适量馅，包成饺子，依次包完剩下的饺子皮。

❹ 锅中放水，烧开后下饺子煮熟即可。

我也要洗洗手，和妈妈一起包饺子，不能让妈妈一个人辛苦。

轻松学
快速做

❶ 将食材切碎 ⟶ ❷ 做馅 ⟶ ❸ 包饺子 ⟶ ❹ 煮饺子

板栗烧牛肉

蛋白质 B 族维生素 碳水化合物

⏲ 准备：10 分钟　🥘 烹饪：30 分钟　⚠ 难度：★★★

> 一口牛肉，一口板栗，咦，怎么板栗也能吃出牛肉的味道呢？

🥄 准备好

- ☐ 牛肉150克
- ☐ 板栗6颗
- ☐ 姜片、葱段、食盐、料酒各适量

🍴 妈妈这样做

❶ 牛肉洗净，切成块，入开水锅中氽透后，捞出沥水；板栗入加水锅中煮沸，捞出去壳；油锅烧热，下板栗炸2分钟，再将牛肉块炸一下，捞出沥油。

❷ 锅中留底油，下入葱段、姜片，炒出香味，下牛肉块翻炒几下，再加入适量食盐、料酒和水。

❸ 当锅沸腾时，撇去浮沫，改用小火炖，待牛肉块炖至将熟时，下板栗，烧至牛肉块熟烂、板栗酥软时收汁即可。

轻松学快速做

❶ 炸牛肉、板栗 ➡ ❷ 炒牛肉块 ➡ ❸ 食材炖熟、收汁

鱼香肝片

⏰ 准备：10分钟　🥣 烹饪：10分钟　⚠️ 难度：★★☆

🥄 准备好

- ☐ 猪肝150克
- ☐ 青甜椒1个
- ☐ 食盐、葱花、白糖、醋、料酒、干淀粉各适量

🍴 妈妈这样做

❶ 青甜椒洗净切片；猪肝洗净切片，用料酒、食盐、干淀粉腌制；将白糖、醋及剩余的干淀粉调成芡汁。

❷ 油锅中放入葱花爆香，加入腌好的猪肝炒变色后，再放入青甜椒片，炒熟后倒入芡汁，待芡汁浓稠即可。

每周吃一次猪肝，我的眼睛就能像星星一样闪亮。

轻松学
快速做　❶ 处理食材　➡️　❷ 炒熟食材、勾芡

煎酿豆腐

蛋白质 钙 碳水化合物

🕐 准备：10 分钟　🥄 烹饪：20 分钟　🔺 难度：★★★

🥄 准备好

- □ 南豆腐200克
- □ 猪肉100克
- □ 香菇丁、碎虾仁、姜末、葱花、生抽、食盐、白糖、白胡椒粉、蚝油、水淀粉各适量

🍴 妈妈这样做

❶ 猪肉洗净剁碎，加香菇丁、碎虾仁、姜末、生抽、食盐、白糖、白胡椒粉拌成馅；南豆腐切块，从中间挖长条形坑，填入调好的馅。

❷ 油锅烧热，盛肉馅豆腐面朝下，煎至金黄色，翻面。

❸ 加入蚝油、生抽、白糖和水，小火炖煮2分钟，取出豆腐摆盘。

❹ 剩余汤汁加水淀粉勾芡，淋在豆腐上，撒上葱花即可。

别看豆腐块笨笨的，心里可有料了呢。

轻松学
快速做

❶ 拌馅、装馅 ⟶ ❷ 煎豆腐 ⟶ ❸ 炖豆腐 ⟶ ❹ 勾芡

美味杏鲍菇

蛋白质 氨基酸

⏰ 准备：10 分钟　🥄 烹饪：10 分钟　⚠ 难度：★★

> 杏鲍菇有助消化的功效，吃了它，食物在我的肠胃里就不会"堵车"啦。

🍴 准备好

- ☐ 杏鲍菇2根
- ☐ 葱花、蒜片、生抽、白糖、黑胡椒粉、食盐各适量

🍴 妈妈这样做

❶ 杏鲍菇洗净，切条备用。

❷ 油锅烧热，爆香葱花、蒜片，加入杏鲍菇条翻炒片刻，加入生抽、白糖、黑胡椒粉继续翻炒至入味，加食盐调味即可。

轻松学 快速做

❶ 杏鲍菇切条 ⟶ ❷ 炒熟杏鲍菇、调味

南瓜软饭

🌱 准备：10 分钟　　🍲 烹饪：20 分钟　　⚠️ 难度：★★

🥄 准备好

- ☐ 粳米1小碗
- ☐ 南瓜100克

🍴 妈妈这样做

❶ 粳米洗净；南瓜去皮，去瓤，洗净，切成小块备用。

❷ 粳米、南瓜块倒入电饭锅中，加入适量水煮饭。

❸ 煮熟后，搅拌均匀即可。

妈妈把南瓜切小块些，会熟得更快一点哦。

轻松学 快速做	❶ 洗粳米、切南瓜	❷ 煮饭	❸ 搅拌南瓜和米饭

口蘑肉片

⏱ 准备：10 分钟　🥄 烹饪：15 分钟　⚠ 难度：★★

🥄 准备好

- ☐ 猪瘦肉 100 克
- ☐ 口蘑 50 克
- ☐ 葱花、食盐、香油各适量

🍴 妈妈这样做

❶ 猪瘦肉洗净切片，加食盐腌制；口蘑洗净，切片。

❷ 油锅烧热，爆香葱花，放入猪瘦肉片翻炒，再放入口蘑片炒匀，加少量食盐调味，最后滴几滴香油即可。

口蘑吸尽了肉的鲜香，已经成为这道菜的主角啦。

轻松学
快速做
　①处理猪肉、口蘑　⟶　②炒熟、调味

时蔬蛋卷

胡萝卜素 蛋白质

⏰ 准备：10 分钟　🥄 烹饪：10 分钟　⚠ 难度：⭐

> 蛋卷里的蔬菜也可以换成别的食材，妈妈要学会灵活运用哦。

🥄 准备好

- ☐ 鸡蛋2个
- ☐ 胡萝卜、四季豆各50克
- ☐ 鲜香菇、食盐各适量

🍴 妈妈这样做

❶ 四季豆择洗干净，入沸水焯熟，沥干剁碎；胡萝卜洗净去皮，剁碎；鲜香菇洗净，剁碎。

❷ 鸡蛋打入碗中，加入胡萝卜碎、香菇碎、四季豆碎、食盐，搅匀成蛋液。

❸ 油锅烧热，倒入蛋液，在半熟状态下卷起，煎熟后盛出切成小段即可。

轻松学
快速做

❶　　　　　　　❷　　　　　　　❸
食材洗净、切碎　→　做蛋液　→　煎蛋卷

牛肉卤面

蛋白质 碳水化合物 胡萝卜素

⏰ 准备: 10 分钟　🥄 烹饪: 15 分钟　⚠ 难度: ★★

🥄 准备好

- ☐ 牛肉 50 克
- ☐ 胡萝卜 1/2 根
- ☐ 红甜椒 1/4 个
- ☐ 竹笋 1 根
- ☐ 面条、酱油、水淀粉、食盐、香油各适量

🍴 妈妈这样做

❶ 将牛肉、胡萝卜、红甜椒、竹笋分别洗净，切小丁。

❷ 面条煮熟，过水后盛入汤碗中。

❸ 油锅烧热，放牛肉丁煸炒，再放胡萝卜丁、红甜椒丁、竹笋丁翻炒，加入酱油、食盐、水淀粉烧开后，浇在面条上，最后再淋几滴香油即可。

吃面条啦，先拌拌，再用妈妈教我的新方法，把面条裹到筷子上，面条就不会跑啦。

轻松学　快速做
❶ 食材切丁　→　❷ 煮面条　→　❸ 食材炒熟、浇面

红薯二米粥

⏰ 准备: 30 分钟　🥄 烹饪: 20 分钟　⚠ 难度: ⭐

🥄 准备好

☐ 红薯1个
☐ 红枣3颗
☐ 粳米、小米、
　冰糖各适量

🍴 妈妈这样做

❶ 粳米、小米、红枣分别洗净,提前浸泡半小时; 红薯去皮,
　洗净, 切成小丁备用。

❷ 锅中放适量水,倒入浸泡好的粳米、小米、红枣,煮开后,
　加入红薯丁, 煮熟, 加入适量冰糖调味即可。

别看小米的个头
比粳米小, 所含
的营养比粳米还
高呢.

轻松学
快速做

❶
处理食材

➡

❷
煮粥、调味

芝士炖饭

胡萝卜素　钙　碳水化合物

⏰ 准备：5 分钟　🍲 烹饪：30 分钟　⚠ 难度：★★

🥄 准备好

- ☐ 热米饭 1 碗
- ☐ 番茄 1 个
- ☐ 芝士 2 片
- ☐ 鸡汤、食盐、橄榄油各适量

🍴 妈妈这样做

❶ 芝士切碎；番茄洗净，切块，用橄榄油拌匀，放入160℃的烤箱内烤20分钟。

❷ 热米饭中放入芝士碎、烤好的番茄块，再倒入鸡汤，加适量食盐，放入蒸锅中，隔水蒸到芝士完全熔化，加入适量橄榄油，拌匀即可。

有了酸酸甜甜的番茄，吃芝士饭也不会觉得那么腻了。

轻松学
快速做

❶
芝士切碎、烤番茄　⟶　❷
蒸饭、调味

香芋南瓜煲

膳食纤维 胡萝卜素 碳水化合物

⏰ 准备：10 分钟　🍳 烹饪：30 分钟　⚠ 难度：★★

🥄 准备好

- ☐ 芋头200克
- ☐ 南瓜200克
- ☐ 椰浆250毫升
- ☐ 蒜、姜、食盐、白糖各适量

🍴 妈妈这样做

❶ 芋头、南瓜削皮后，切成大小适中的菱形块；蒜、姜洗净切片。

❷ 油锅烧热，爆香蒜片和姜片，倒入芋头块和南瓜块，小火翻炒1分钟左右。

❸ 倒入半碗水，加入椰浆、食盐、白糖，煲滚后转小火继续煮20分钟，至芋头块和南瓜块软烂即可。

芋头和南瓜都煮得烂烂的，还带着椰香，吃着比肉还带劲。

1CUP

轻松学 快速做　❶ 处理食材　⟶　❷ 炒芋头块、南瓜块　⟶　❸ 炖煮、调味

黑椒鸡腿

⏰准备: 15 分钟　🥄烹饪: 20 分钟　⚠难度: ⭐⭐

🥄准备好

- [ ] 去骨鸡腿4个
- [ ] 香菇片、洋葱丁、青椒丁、葱花、姜片、蒜片、黑胡椒、生抽各适量

🍴妈妈这样做

❶ 去骨鸡腿洗净，用葱花、姜片、蒜片、生抽腌制15分钟。

❷ 将去骨鸡腿表面水分擦干，鸡皮向下放入无油热锅，小火煎至金黄色，翻面煎至变色，加入黑胡椒，利用鸡油炒香。

❸ 加适量水，大火烧开，中火炖煮，放入香菇片、洋葱丁、青椒丁，收汁关火，鸡腿盛出切条即可。

妈妈说，鸡肉很容易消化，很适合像我一样的小朋友吃。

轻松学快速做　❶ 腌制鸡腿　→　❷ 煎去骨鸡腿　→　❸ 炖煮、切块

鸡蓉干贝

⏰ 准备：5分钟   🍳 烹饪：10分钟   ⚠️ 难度：⭐⭐

🥄 准备好

- ☐ 鸡胸脯肉50克
- ☐ 干贝碎末40克
- ☐ 鸡蛋1个
- ☐ 高汤、食盐、
  香油各适量

🍴 妈妈这样做

❶ 鸡胸脯肉洗净，剁成蓉，兑入高汤，打入鸡蛋，用筷子快速搅拌均匀，加入干贝碎末、食盐拌匀。

❷ 油锅烧热，将以上材料下入，翻炒，待鸡蛋凝结成形时，淋入香油翻炒均匀即可。

外面裹了那么多东西，已经看不出干贝的模样，吃一口，鲜得眉毛都掉了。

轻松学
快速做

❶
混合材料   ⟶   ❷
炒熟、调味

丝瓜炖豆腐

🕙 准备：10 分钟　🥄 烹饪：15 分钟　⚠ 难度：⭐

🥄 准备好

- ☐ 丝瓜 1 根
- ☐ 豆腐 1 块
- ☐ 高汤、姜片、
　　食盐各适量

🍴 妈妈这样做

❶ 丝瓜去皮，洗净，切菱形块；豆腐洗净切块备用。

❷ 油锅烧热，放入姜片炒香，放入丝瓜煸炒，加入高汤、
　豆腐块、食盐炖熟即可。

> 妈妈和我一起吃这个菜吧，美容效果比化妆品还好哦。

轻松学
快速做

❶
丝瓜、豆腐切块 　⟶　

❷
食材炖熟、调味

肉末蒸蛋

🕐 准备：5 分钟　🥘 烹饪：20 分钟　⚠️ 难度：⭐⭐

🍴 准备好

- ☐ 鸡蛋 2 个
- ☐ 猪肉末、葱花、食盐、酱油、水淀粉各适量

🍴 妈妈这样做

❶ 鸡蛋打入碗中，加食盐打到起泡，倒入水淀粉搅拌均匀，放入蒸锅中，隔水蒸。

❷ 油锅烧热，爆香葱花，放入猪肉末翻炒，加少许酱油、食盐炒熟，盛出备用。

❸ 鸡蛋蒸好后，把炒熟的猪肉末铺在上面即可。

> 鸡蛋中的卵磷脂可以提高我的记忆力，妈妈，我要考 100 分。

轻松学
快速做　❶ 蒸鸡蛋　⟶　❷ 炒猪肉末　⟶　❸ 混合

香菇鸡丝面

碳水化合物 蛋白质 膳食纤维

准备：5分钟　烹饪：15分钟　难度：⭐

准备好

- ☐ 鲜香菇2朵
- ☐ 青菜1棵
- ☐ 鸡丝50克
- ☐ 手擀面、高汤、食盐各适量

妈妈这样做

❶ 鲜香菇洗净，上面划上几刀；青菜洗净；鸡丝洗净备用。

❷ 油锅烧热，放入鸡丝炒至变色后，放入鲜香菇翻炒几下，倒入高汤，烧开后放入青菜，加食盐调味，盛出当面汤。

❸ 另起一个干净的锅，加入适量水，烧开后，放入手擀面煮熟，挑入做好的面汤中即可。

虽然没有放味精，但有了鸡丝、香菇、高汤，面还是那么鲜。

轻松学
快速做

❶ 处理食材　→　❷ 做面汤　→　❸ 煮面条、混合

小白菜锅贴

膳食纤维 蛋白质 碳水化合物

⏰ 准备: 15分钟　🍳 烹饪: 30分钟　⚠ 难度: 💯💯💯

🥄 准备好

- ☐ 小白菜1棵
- ☐ 猪肉末80克
- ☐ 面粉150克
- ☐ 生抽、食盐、葱花、姜末各适量

🍴 妈妈这样做

❶ 小白菜洗净,切碎,挤去水分;猪肉末中加入生抽、食盐、植物油、葱花、姜末、小白菜碎,搅拌均匀成猪肉馅。

❷ 面粉中加入适量水,揉成面团,饧10分钟。

❸ 将面团搓成长条,分成一个个小剂子,擀成圆面皮,包入猪肉馅成锅贴。

❹ 平底锅刷油,锅热后转小火,将锅贴摆入锅中,盖锅盖,锅贴底面将熟时加少许凉水,再盖锅盖,锅贴底面煎成焦黄时即可出锅。

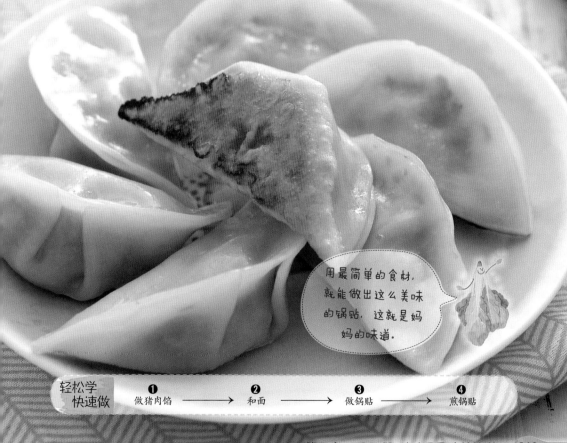

用最简单的食材,就能做出这么美味的锅贴,这就是妈妈的味道。

轻松学
快速做　❶ 做猪肉馅　→　❷ 和面　→　❸ 做锅贴　→　❹ 煎锅贴

土豆烧鸡块

维生素 C 蛋白质 碳水化合物

⏰ 准备：10 分钟   🥄 烹饪：20 分钟   ⚠ 难度：★★★

🥄 准备好

- ☐ 鸡块 200 克
- ☐ 土豆 1 个
- ☐ 甜椒、姜片、蒜片、料酒、生抽、老抽、食盐、白糖各适量

🍴 妈妈这样做

❶ 鸡块洗净，加生抽、食盐、料酒腌制；甜椒洗净，切块；土豆去皮切块。

❷ 油锅烧热，爆香姜片、蒜片，放入鸡块急火翻炒。

❸ 放入土豆块，翻炒后加老抽、白糖炒匀，再加水煮沸后，转小火慢炖至汤汁浓稠，加入适量食盐调味。

❹ 起锅前加入甜椒，翻炒均匀即可。

这道菜有了甜椒点缀，好像变得好吃了呢。

轻松学快速做   ❶ 腌制鸡块 ➔ ❷ 炒鸡块 ➔ ❸ 炒土豆、调味 ➔ ❹ 炒甜椒

牛肉粥

蛋白质 氨基酸 胡萝卜素

⏰ 准备：10 分钟　　🥣 烹饪：30 分钟　　⚠ 难度：★★

🥄 准备好

□ 牛肉 100 克
□ 胡萝卜半根
□ 粳米、料酒、
　姜片、葱花、
　食盐、橄榄油
　各适量

🍴 妈妈这样做

❶ 开水锅中加姜片、料酒，放入牛肉煮熟后，捞出切成丝；
胡萝卜洗净切成丝；粳米洗净备用。

❷ 将粳米放入锅中，加适量水，烧开后，放入牛肉丝、胡萝
卜丝、食盐，煮熟后放入葱花和橄榄油搅拌均匀即可。

> 我还小，不能吃太多
> 的调料，所以牛肉一
> 定要汆烫后再煮粥，
> 不然会腥哦。

轻松学
快速做

❶
处理食材　　　➡　　　❷
　　　　　　　　　　煮粥、调味

第五章
孩子爱点，妈妈爱做的美味加餐

　　每个孩子都是小馋猫，最抵抗不了的就是妈妈的味道。除了一年四季的一日三餐，零食加餐也是孩子必不可少的，但外面卖的，卫生、营养都不可靠，给孩子吃了不放心，那就亲自动手吧，给孩子做他/她的专属小零食，还有让幼儿园小朋友羡慕的爱心便当吧。

香酥洋葱圈

蛋白质 钙 维生素C

⏰ 准备：10分钟　🥄 烹饪：10分钟　⚠ 难度：⭐

🥄 准备好

- ☐ 洋葱1个
- ☐ 鸡蛋2个
- ☐ 食盐、干淀粉各适量

🍴 妈妈这样做

❶ 洋葱剥皮，洗净，横着切成1厘米左右的大厚片，掏成一个个洋葱圈，去掉太大或太小的。

❷ 鸡蛋加食盐打散成蛋液。

❸ 将洋葱圈均匀地裹上干淀粉，再裹上一层蛋液，油锅烧至六成热，放入洋葱圈，炸至金黄时捞出，用吸油纸吸去多余的油即可。

洋葱圈可以套在手指上、手腕上，不仅能吃，还是我的"小玩具"。

轻松学快速做

❶ 做洋葱圈 ⟶ ❷ 做蛋液 ⟶ ❸ 炸洋葱圈

火龙果酸奶布丁

⏰ 准备：10 分钟　　🍳 烹饪：20 分钟　　⚠ 难度：★★

吃1勺，满口都是奶香，吃了这个，今天就不用喝牛奶啦。

🥄 准备好

- ☐ 火龙果1个
- ☐ 吉利丁2片
- ☐ 酸奶、牛奶、白糖各适量

🍴 妈妈这样做

❶ 吉利丁用冰水泡软；火龙果去皮，切块备用。

❷ 将酸奶、火龙果块放入榨汁机中搅拌成奶昔。

❸ 牛奶倒入锅中，加入适量白糖，小火加热至白糖溶化后，再加入泡软的吉利丁片，加热至吉利丁片完全溶化，盛出稍放凉成牛奶液。

❹ 将奶昔与牛奶液混合，搅拌均匀后过筛，倒入容器中，放到冰箱，冷藏至凝固即可。

轻松学快速做　❶ 处理食材 ⟶ ❷ 做奶昔 ⟶ ❸ 做牛奶液 ⟶ ❹ 混合、冷藏

玉米冻奶

维生素 C 膳食纤维 钙

⏰ 准备：5分钟　🥄 烹饪：10分钟　⚠ 难度：⭐

🍴 准备好

- ☐ 玉米粒100克
- ☐ 牛奶、白糖各适量

🍴 妈妈这样做

❶ 玉米粒洗净，煮熟，晾凉后切碎。

❷ 牛奶倒入锅中，加少许白糖，煮至白糖完全溶化后，放入玉米粒碎，不停地搅拌，煮沸后倒入容器中，放入冰箱冷藏至凝固即可。

妈妈不要冻得太久哦，不然我的小牙和小胃会受不了。

轻松学快速做

❶ 玉米煮熟、切碎　——→　❷ 玉米牛奶煮沸、冷藏

水果沙拉

维生素 C 胡萝卜素 钾

⏰ 准备: 10 分钟　　🥄 烹饪: 10 分钟　　⚠ 难度: ⭐

妈妈，给我多放几种水果吧，水果越多好像越好吃呢。

🥄 准备好

- ☐ 梨 1 个
- ☐ 香蕉 1 根
- ☐ 橘子 1 个
- ☐ 白菜叶、沙拉酱各适量

🍴 妈妈这样做

❶ 梨去皮，洗净，切成片；香蕉剥皮，切成片；橘子剥皮，掰成小瓣；白菜叶入开水中焯烫至熟备用。

❷ 将白菜叶铺在盘底，放入梨片、香蕉片、橘子瓣，淋上沙拉酱即可。

轻松学
快速做

❶
处理食材　　➡　　❷
摆盘、淋沙拉酱

香蕉木瓜酸奶昔

钙 蛋白质 氨基酸 钾

⏰ 准备: 5 分钟　🍳 烹饪: 10 分钟　⚠ 难度: ⭐

🥄 准备好

- ☐ 木瓜半个
- ☐ 香蕉1根
- ☐ 酸奶、蜂蜜各适量

🍴 妈妈这样做

❶ 木瓜、香蕉分别去皮, 洗净, 切成块备用。

❷ 将木瓜块、香蕉块放入搅拌机, 加适量的蜂蜜、酸奶, 搅拌均匀后, 倒入杯中即可。

把奶昔放到冰箱里冷藏一会儿, 味道会更好。

轻松学
快速做

❶ 木瓜、香蕉切块　⟶　❷ 搅拌、装杯

孜然土豆片

膳食纤维 B族维生素 碳水化合物

⏱ 准备：5 分钟　🥘 烹饪：15 分钟　⚠ 难度：⭐⭐

土豆中有很多的淀粉，可以作为主食，肚子饿的时候吃这个很合适哦。

🥄 准备好

- □ 土豆1个
- □ 孜然粉、食盐、白胡椒粉各适量

🍴 妈妈这样做

❶ 土豆削皮，洗净，切薄片备用。

❷ 将孜然粉、食盐、白胡椒粉混合，搅拌均匀成调料。

❸ 将土豆片表面刷上油，均匀地撒上调料。

❹ 烤箱预热到200℃，将土豆片平铺在烤盘上，放入烤箱烤10分钟即可。

轻松学
快速做

❶ 土豆切片 ⟶ ❷ 做调料 ⟶ ❸ 土豆刷油，撒上调料 ⟶ ❹ 烤土豆片

松仁鸡肉卷

⏰ 准备: 10 分钟　🍳 烹饪: 30 分钟　⚠ 难度: ★★

🥄 准备好

- ☐ 鸡肉 100 克
- ☐ 虾仁 50 克
- ☐ 松仁 20 克
- ☐ 胡萝卜丁、鸡蛋清、干淀粉、食盐、料酒各适量

🍴 妈妈这样做

❶ 将鸡肉洗净,切成薄片。

❷ 虾仁洗净,切碎,剁成蓉,加入胡萝卜丁、食盐、料酒、鸡蛋清和干淀粉搅匀成虾蓉。

❸ 在鸡肉片上放虾蓉和松仁,卷成卷儿,入蒸锅大火蒸熟即可。

这个鸡肉卷携带方便,可以带到幼儿园作为课间的小零食呢。

轻松学快速做

❶ 鸡肉切片 ⟶ ❷ 做虾蓉 ⟶ ❸ 卷鸡肉卷、蒸熟

蛋皮卷

碳水化合物 卵磷脂 胡萝卜素

⏰ 准备: 10 分钟　🥄 烹饪: 10 分钟　⚠️ 难度: ★★

妈妈说，鸡蛋液里加点淀粉，鸡蛋皮就不容易破了。

🍴 准备好

- ☐ 鸡蛋3个
- ☐ 胡萝卜半根
- ☐ 火腿肠1根
- ☐ 生菜叶、食盐、干淀粉、沙拉酱、黄瓜条、米饭各适量

🍴 妈妈这样做

❶ 鸡蛋打散，加入适量食盐、干淀粉搅拌均匀成蛋液；胡萝卜去皮，洗净，切长条；火腿肠切成长条备用。

❷ 油锅烧热，倒入蛋液，小火煎成蛋皮。

❸ 蛋皮一面抹上一层沙拉酱，码上米饭、生菜叶、胡萝卜条、火腿肠条、黄瓜条，卷成卷后切小段即可。

轻松学 快速做　❶ 处理食材　➡️　❷ 做蛋皮　➡️　❸ 码上食材卷起、切段

手抓小汉堡

膳食纤维 维生素 E B族维生素

⏲ 准备: 5 分钟　🍳 烹饪: 5 分钟　⚠ 难度: ⭐

🥄 准备好

- ☐ 全麦圆面包1个
- ☐ 鸡蛋1个
- ☐ 生菜、沙拉酱
　各适量

🍴 妈妈这样做

❶ 油锅烧热，打入鸡蛋，煎成荷包蛋；生菜洗净备用。

❷ 全麦圆面包从中间切开，抹上沙拉酱，放上生菜、荷包蛋即可。

平时妈妈都在锻炼我用筷子，今天可以光明正大地用手抓了。

轻松学
快速做

❶ 煎蛋、洗生菜　➡　❷ 做汉堡

烤鸡肉串

蛋白质 维生素 A

⏰ 准备: *2 小时*　🍳 烹饪: *20 分钟*　⚠ 难度: ★★

🥄 准备好

- ☐ 鸡胸脯肉200克
- ☐ 洋葱半个
- ☐ 黄甜椒1个
- ☐ 青甜椒1个
- ☐ 红甜椒1个
- ☐ 料酒、食盐、黑胡椒、姜末、葱花、竹签各适量

🍴 妈妈这样做

❶ 提前将鸡胸脯肉洗净,切成小块,加入料酒、食盐、葱花、姜末腌制2个小时。

❷ 洋葱洗净,切成菱形块;黄甜椒、青甜椒、红甜椒分别洗净,切成片备用。

❸ 将腌制好的鸡块、洋葱块、黄甜椒片、青甜椒片、红甜椒片间隔串在竹签上成鸡肉串。

❹ 烤箱预热到180℃,上下火,将鸡肉串刷上油,放在烤盘上,撒上黑胡椒,烤20分钟即可。

这个我可要小心吃,不能让竹签戳到我的小嘴巴。

轻松学 快速做　❶ 腌制鸡块 ⟶ ❷ 处理食材 ⟶ ❸ 串鸡肉串 ⟶ ❹ 烤鸡肉串

红薯蛋挞

⏰ 准备: 10 分钟　　🥄 烹饪: 20 分钟　　⚠ 难度: ⭐⭐

🥄 准备好

- ☐ 红薯1个
- ☐ 生鸡蛋黄2个
- ☐ 奶油20克
- ☐ 蛋挞皮、白糖
  各适量

🍴 妈妈这样做

❶ 红薯洗净去皮, 蒸熟, 压成泥状, 加入白糖、生鸡蛋黄以及奶油搅拌均匀成红薯糊。

❷ 将调好的红薯糊舀到蛋挞皮里, 放入预热到180℃的烤箱内烤15分钟即可。

蛋挞热量很高, 虽然好吃但一次最多吃2个哦。

轻松学
快速做
　　❶
　　处理食材　　——→　　❷
　　　　　　　　　　　　烤蛋挞

手指饼干

蛋白质 氨基酸 卵磷脂 碳水化合物

⏰ 准备：30 分钟　🥄 烹饪：10 分钟　⚠ 难度：★★★

怪不得叫手指饼干，
细细长长的，和我的
手指长得好像啊。

🥄 准备好

- ☐ 生鸡蛋黄3个
- ☐ 蛋白2个
- ☐ 低筋面粉70克
- ☐ 白糖50克
- ☐ 香草精适量

🍴 妈妈这样做

❶ 将蛋白打出粗泡，分多次加入35克白糖，继续打发，打至没有蛋液流出即可。

❷ 生蛋黄里加入剩下的15克白糖，滴入几滴香草精，打至蛋黄变得浓稠，颜色变浅，体积膨大。

❸ 将低筋面粉、打好的蛋白和鸡蛋黄翻拌均匀成浓稠的面糊。

❹ 把面糊装进裱花袋，在烤盘上挤出条状的面糊，放入预热到190℃的烤箱中，烤10分钟左右即可。

轻松学
快速做

❶ 打发蛋白 ⟶ ❷ 打发蛋黄 ⟶ ❸ 混合食材 ⟶ ❹ 放入烤箱烤熟

芝麻酥饼

维生素 E 蛋白质 脂肪酸 碳水化合物

准备: 10 分钟　　烹饪: 1 小时　　难度: ☆☆☆

准备好

- ☐ 低筋面粉 120 克
- ☐ 黄油 63 克
- ☐ 鸡蛋 2 个
- ☐ 黑芝麻、泡打粉、白糖、食盐各适量

妈妈这样做

❶ 鸡蛋打散成鸡蛋液;低筋面粉中加入适量泡打粉拌匀。

❷ 黄油加少量食盐放在常温下软化后,用电动打蛋器打匀,加入白糖搅拌均匀,再分多次加入鸡蛋液打成均匀的糊状成黄油糊。

❸ 将低筋面粉和泡打粉一起过筛,加入黄油糊,搅拌均匀成面糊。

❹ 将烤盘铺上油纸,用汤勺取适量的面糊,在烤盘上摊成饼状,撒上黑芝麻,放入预热到 160℃ 的烤箱中,烤50 分钟即可。

饼干有黑芝麻点缀,吃着真香.多吃黑芝麻,我的头发会黑黑亮亮的。

轻松学快速做　❶ 处理食材 ➜ ❷ 做黄油糊 ➜ ❸ 黄油糊和面粉混合 ➜ ❹ 烤饼干

饼干比萨

准备：5分钟　烹饪：20分钟　难度：⭐

准备好

- ☐ 饼干4块
- ☐ 红甜椒1个
- ☐ 青甜椒1个
- ☐ 奶酪条、比萨酱各适量

妈妈这样做

❶ 红甜椒、青甜椒分别洗净，切成片。

❷ 将饼干的一面抹上比萨酱，放上切好的红甜椒片、青甜椒片，放上奶酪条，放入预热到180℃的烤箱中，烤20分钟即可。

这是我见过最小的比萨了，吃着好方便啊，而且一点也不比外面卖的差哦。

轻松学
快速做

❶
甜椒切片　　　→　　　❷
烤比萨

白吐司

🕐 准备：2小时　　🍳 烹饪：1小时　　⚠️ 难度：★★★

🍴 准备好

☐ 高筋面粉200克
☐ 白糖40克
☐ 玉米油、干酵
　　母各适量

🍴 妈妈这样做

❶ 高筋面粉中加玉米油、白糖、干酵母以及适量温水，揉成面团，发酵至两倍大时，取出揉匀排气。

❷ 把面团分成小剂子，擀成长条，再卷起，放入吐司盒中再次发酵1小时。

❸ 烤箱预热到200℃，将发酵好的面团放入模具中，烤1小时后拿出装饰即可。

妈妈把吐司做成
我最喜欢的形状，
看着就想吃。

轻松学
快速做
　　❶　　　　　　　　❷　　　　　　　　❸
和面发酵　➡️　二次发酵　➡️　烤面包、装饰

巧克力曲奇

⏰ 准备：30 分钟　🥄 烹饪：30 分钟　⚠ 难度：★★

🥄 准备好

- ☐ 黄油80克
- ☐ 低筋面粉100克
- ☐ 蛋白2个
- ☐ 白糖、可可粉、杏仁粉、食盐、巧克力酱、巧克力豆各适量

🍴 妈妈这样做

❶ 黄油中加入白糖、杏仁粉用打蛋器搅拌均匀，加入蛋白继续搅拌，再加入巧克力酱搅拌均匀。

❷ 低筋面粉、食盐、可可粉一起过筛加入步骤❶中，搅拌均匀成面糊。

❸ 将面糊装入裱花袋中，均匀地挤在烤盘上成饼坯，将巧克力豆按到饼坯上。

❹ 烤箱预热到180℃，放入饼坯，烤15~18分钟，用余温再闷10分钟即可。

> 平时妈妈都不给我多吃巧克力的，今天趁着妈妈不注意，再吃一块。

轻松学快速做　❶ 混合食材 ⟶ ❷ 做面糊 ⟶ ❸ 做饼坯 ⟶ ❹ 烤饼坯

杂粮饼干

碳水化合物 B族维生素 蛋白质

🕐 准备: 20 分钟　　🍳 烹饪: 20 分钟　　⚠ 难度: ★★

🥄 准备好

- ☐ 低筋面粉50克
- ☐ 玉米面50克
- ☐ 糯米面50克
- ☐ 鸡蛋3个
- ☐ 黑芝麻、泡打粉、小苏打粉、白糖各适量

🍴 妈妈这样做

❶ 将鸡蛋打散，加入植物油、白糖搅拌均匀成鸡蛋液。

❷ 另取一个碗，把低筋面粉、玉米面、糯米面、黑芝麻、泡打粉、小苏打粉混合均匀成杂粮粉。

❸ 将鸡蛋液和杂粮粉混合在一起，用橡皮刀搅拌均匀，成湿润的面糊。

❹ 将面糊揉成一个个小圆团，放入模具中成型后，拿出放到烤盘上，烤箱预热到180℃，放入烤盘，烤18分钟即可。

妈妈把杂粮做成了香香的饼干，还是星星形状，叫我怎么能不爱。

轻松学
快速做 　　❶ 搅拌鸡蛋液 ⟶ ❷ 做杂粮粉 ⟶ ❸ 混合蛋液和杂粮粉 ⟶ ❹ 烤饼干

奶香小馒头

蛋白质 钙 碳水化合物

⏰ 准备: 20 分钟　🥄 烹饪: 20 分钟　⚠️ 难度: ★★

> 妈妈做的小馒头，
> 美味又健康，一口
> 一个没问题。

🥄 准备好

- ☐ 土豆淀粉140克
- ☐ 低筋面粉20克
- ☐ 奶粉25克
- ☐ 糖粉35克
- ☐ 鸡蛋1个
- ☐ 泡打粉、蜂蜜、
  黄油各适量

🍴 妈妈这样做

❶ 鸡蛋打散加入1小勺蜂蜜，用打蛋器搅拌均匀成蛋液。

❷ 将所有的粉类过筛到一个大碗中，加入蛋液和熔化的
  黄油搅拌均匀后，揉成光滑的面团。

❸ 把面团分成小剂子，每个小剂子都均匀地搓成手指粗
  的长条，再用刮板切成一个个小面团，用掌心把小面团
  揉成小圆球，放到烤盘上。

❹ 烤箱预热到175℃，上下火，中层，烤8分钟左右，用余
  温再闷10分钟即可。

轻松学快速做

❶ 做蛋液 ⟶ ❷ 揉面团 ⟶ ❸ 做小圆球 ⟶ ❹ 烤熟

樱桃奶香蛋糕

胡萝卜素 碳水化合物 蛋白质

准备: 40分钟　　烹饪: 20分钟　　难度: ★★★

准备好

- ☐ 樱桃100克
- ☐ 白糖10克
- ☐ 鸡蛋1个
- ☐ 糖粉20克
- ☐ 低筋面粉20克
- ☐ 香草精、黄油、牛奶各适量

妈妈这样做

❶ 樱桃去柄、洗净，去核，放入大碗中，加适量的白糖腌制20分钟。

❷ 鸡蛋加入糖粉、香草精搅拌均匀，筛入低筋面粉，加入熔化后的黄油、牛奶搅拌均匀成面糊。

❸ 将面糊倒入烤盘中，码上腌制好的樱桃，放入预热到180℃的烤箱中，烤20分钟左右即可。

我最喜欢吃里面的樱桃，不过蛋糕的味道也很好。

轻松学
快速做　　❶ 腌制樱桃　⟶　❷ 做面糊　⟶　❸ 烤熟

杏仁酥

蛋白质 B 族维生素

⏰ 准备: 15 分钟　🍳 烹饪: 30 分钟　⚠ 难度: ★★

🥄 准备好

☐ 黄油40克
☐ 白糖20克
☐ 低筋面粉30克
☐ 蜂蜜、杏仁碎
　各适量

🍴 妈妈这样做

❶ 黄油、白糖、蜂蜜混合在一起，隔水加热搅拌至均匀溶化后，筛入低筋面粉，再加入杏仁碎搅拌均匀成面糊。

❷ 烤盘上铺上锡纸，将面糊舀入烤盘，然后用勺背摊开成圆形薄片，放入预热到180℃的烤箱中烤10分钟。

❸ 烤好后趁热揭下饼干坯，用擀面杖擀成瓦片状，冷却后取下即可。

妈妈说一次不要吃太多杏仁，不然会拉肚子的，而且对牙齿也不好。

轻松学
快速做
❶ 混合食材 → ❷ 烤饼坯 → ❸ 整形、冷却

烤肉串套餐

蛋白质 钙

准备: 15 分钟　　烹饪: 20 分钟　　难度: ★★★

准备好

- □ 羊肉、猪肉各300克
- □ 竹签、料酒、孜然粉、食盐、白芝麻各适量

妈妈这样做

❶ 羊肉、猪肉分别洗净,切成小块,加入料酒、食盐腌制片刻。

❷ 将羊肉块、猪肉块分别用竹签串起来,刷上植物油,均匀地撒上白芝麻和孜然粉。

❸ 烤盘上铺上锡纸,放上烤肉串,烤箱预热到200℃,上下火,中层,烤20分钟即可装盒。

肉串用烤箱烤比用碳烤更健康呢。

轻松学快速做
　❶ 腌制肉块　→　❷ 做肉串　→　❸ 烤肉串

三明治套餐

蛋白质 钙

准备: 10 分钟　　烹饪: 15 分钟　　难度: ★★

准备好

- ☐ 吐司4片
- ☐ 午餐肉2片
- ☐ 荷包蛋1个
- ☐ 黄瓜片、生菜、虾仁、食盐、白胡椒粉、千岛酱各适量

妈妈这样做

❶ 虾仁用食盐、白胡椒粉腌制片刻，下热油锅滑炒至熟后，盛出切碎；生菜洗净；吐司切边备用。

❷ 取一片吐司，铺上一层黄瓜片，将虾仁碎再铺在黄瓜片上，放上荷包蛋，淋上千岛酱，再盖上一片吐司片成虾仁三明治。

❸ 再取一片吐司，将生菜和午餐肉片间隔放在吐司上，淋上千岛酱，盖上另一片吐司片成午餐肉三明治。

❹ 将虾仁三明治和午餐肉三明治对半切开，放到便当盒中即可。

妈妈还可以给我带些蔬菜水果搭配着吃，这样我的营养就均衡了。

轻松学 快速做　❶ 处理食材 ⟶ ❷ 做虾仁三明治 ⟶ ❸ 做午餐肉三明治 ⟶ ❹ 装盒

杂粮水果饭团

膳食纤维 B族维生素 碳水化合物

准备：5分钟　　烹饪：40分钟　　难度：★

准备好

- ☐ 香蕉1根
- ☐ 火龙果1个
- ☐ 紫米、红豆、糙米各适量

妈妈这样做

❶ 紫米、红豆、糙米分别洗净，放入锅中煮熟成杂粮饭；香蕉、火龙果分别剥皮切成小块备用。

❷ 将煮好的杂粮饭平铺在手心，放入香蕉块、火龙果块，捏成可爱的饭团，放到便当盒中即可。

饭团里面藏着小秘密，妈妈说我吃了才能知道。

轻松学快速做　　❶ 煮饭、水果切块　　➡　　❷ 做饭团

什锦沙拉

⏰ 准备：10分钟　🥑 烹饪：10分钟　⚠️ 难度：⭐

🥄 准备好

- ☐ 山药1根
- ☐ 香蕉1根
- ☐ 火龙果半个
- ☐ 小番茄、沙拉酱、生菜各适量

🍴 妈妈这样做

❶ 山药去皮，切成片，放入开水锅中烫熟；香蕉、火龙果去皮，切成小块；小番茄洗净，切成块；生菜洗净备用。

❷ 将山药片、香蕉块、火龙果块、小番茄块放到一个大碗中，淋上适量的沙拉酱搅拌均匀。

❸ 便当盒底部铺上生菜，将拌好的沙拉倒进便当盒中即可。

蔬菜、水果放在一起做沙拉，省得外出带了一盒又一盒。

轻松学
快速做　　❶ 处理食材　➡️　❷ 拌沙拉　➡️　❸ 装盒

多彩水饺

⏱ 准备：1 小时　🍳 烹饪：15 分钟　⚠ 难度：★★★★★

🥄 准备好

- □ 胡萝卜2根
- □ 菠菜1把
- □ 猪肉末300克
- □ 干香菇10朵
- □ 鸡蛋1个
- □ 面粉、白菜、食盐、姜末、葱花各适量

🍴 妈妈这样做

❶ 干香菇泡发、洗净，切成丁；白菜洗净，沥干水后，切碎；胡萝卜洗净，切成块；菠菜洗净沥干水备用。

❷ 将胡萝卜、菠菜分别放进榨汁机，榨成汁，面粉分成两份，分别倒入胡萝卜汁、菠菜汁揉成面团饧20分钟。

❸ 将猪肉末放入大碗中，打入鸡蛋顺时针搅拌上劲，放入香菇丁、白菜碎、食盐、植物油、葱花、姜末搅拌均匀成猪肉馅。

❹ 分别将胡萝卜汁面团、菠菜汁面团分成小剂子，擀成面皮，包入猪肉馅，煮熟，装盘即可。

看着颜色这么鲜艳的水饺，真是太有食欲了。

轻松学快速做　❶ 处理食材　➡　❷ 揉面团　➡　❸ 做猪肉馅　➡　❹ 包饺子、煮熟、装盘

紫菜包饭

蛋白质 胡萝卜素 碳水化合物

⏰准备: 10分钟　🥘烹饪: 20分钟　⚠难度: ★★

> 幼儿园组织旅游时, 带着妈妈给我准备的紫菜包饭, 小朋友们可羡慕了。

🥄 准备好

- □ 黄瓜、火腿肠、胡萝卜各1根
- □ 热米饭、肉松、紫菜、番茄酱、沙拉酱各适量

🍴 妈妈这样做

❶ 黄瓜、胡萝卜分别洗净, 切成长条; 火腿肠切成长条备用。

❷ 取一片紫菜, 均匀地铺上米饭, 分别放上黄瓜条、火腿肠条、胡萝卜条, 放上肉松, 淋些沙拉酱、番茄酱, 卷起, 切块, 摆放在便当盒中即可。

轻松学
快速做

❶ 食材切长条 ➡ ❷ 做紫菜包饭、切块、装盒

鳗鱼饭

卵磷脂 维生素 A B 族维生素

准备: 10 分钟　　烹饪: 20 分钟　　难度: ★★

准备好

- ☐ 热米饭1碗
- ☐ 即食鳗鱼1条
- ☐ 海苔1~2片
- ☐ 白芝麻、生抽、老抽、料酒、白糖各适量

妈妈这样做

❶ 海苔切碎; 即食鳗鱼整条放入锅内, 倒入准备好的所有调料, 小火煮到汤汁浓稠。

❷ 米饭装入便当盒中, 将煮好的鳗鱼趁热切段, 放在热腾腾的米饭上。

❸ 将海苔碎撒在鳗鱼段上, 再撒上白芝麻即可。

这个鱼刺好少啊, 我可以安心吃啦。

轻松学
快速做

❶ 煮鳗鱼　⟶　❷ 将鳗鱼盖在米饭上　⟶　❸ 撒上海苔、白芝麻

虾仁炒饭

钙 胡萝卜素 碳水化合物 蛋白质

⏰ 准备：10 分钟　🍳 烹饪：10 分钟　⚠ 难度：⭐

🥄 准备好

- ☐ 胡萝卜半根
- ☐ 米饭 1 碗
- ☐ 黄瓜半根
- ☐ 虾仁、豌豆、食盐各适量

🍴 妈妈这样做

❶ 胡萝卜、黄瓜洗净切成丁；豌豆洗净备用。

❷ 油锅烧热，放入虾仁滑炒，炒熟后盛出备用。

❸ 再起油锅烧热，放入米饭翻炒，加入黄瓜丁、胡萝卜丁、豌豆翻炒片刻，倒入炒好的虾仁翻炒均匀，出锅前加适量食盐调味即可。

妈妈不要忘了给我准备一杯牛奶或果汁，这样我才不会被噎着。

轻松学 快速做　❶ 处理食材 ⟶ ❷ 炒虾仁 ⟶ ❸ 炒饭

鸡腿套餐

蛋白质 维生素C 卵磷脂

🕐 准备：2小时　🍳 烹饪：30分钟　⚠ 难度：★★

🥄 准备好

- ☐ 鸡腿2个
- ☐ 卤蛋1个
- ☐ 米饭1碗
- ☐ 姜片、青菜、香油、食盐、料酒各适量

🍴 妈妈这样做

❶ 提前将鸡腿加入适量的料酒、食盐、姜片腌制2小时；卤蛋从中间切开；青菜洗净备用。

❷ 油锅烧热，放入腌制好的鸡腿煎至金黄，熟透，加入少量的食盐、香油调味即可。

❸ 油锅烧热，放青菜翻炒，青菜变软时加适量的食盐调味。

❹ 将米饭放入便当盒中，放入卤蛋、煎好的鸡腿、青菜。

哇，不仅有我最爱的鸡腿，还有蔬菜耶，妈妈真注意营养搭配。

轻松学
快速做

❶ 处理食材 ⟶ ❷ 煎鸡腿 ⟶ ❸ 炒青菜 ⟶ ❹ 装盒

土豆奶香盒

胡萝卜素 膳食纤维 碳水化合物

🕐 准备: 20分钟　🍳 烹饪: 20分钟　⚠ 难度: ★★

🥄 准备好

☐ 土豆2个
☐ 胡萝卜、玉米粒、春卷皮、食盐、葱花各适量

🍴 妈妈这样做

❶ 春卷皮蒸熟、晾凉；土豆洗净去皮，煮熟捣成泥；胡萝卜洗净切成丁。

❷ 油锅烧热，加胡萝卜丁、玉米粒炒熟盛出，加食盐、葱花与土豆泥拌匀成馅。

❸ 用春卷皮包入馅，成长方体，装盒即可。

> 透着薄薄的春卷皮就能看到里面鲜艳的色彩，我要咬开一探究竟。

轻松学
快速做　　❶ 处理食材　→　❷ 做馅　→　❸ 包馅、装盒

第六章
功能食谱助孩子茁壮成长

补钙的牛奶，补锌的生蚝，鸭血、猪肝补铁好。
山楂做饼吃饭香，多吃薏米、红枣身体棒。
发热感冒要清淡，上火就喝莲子汤。
膳食纤维通肠道，食材功效响当当。
……
用对食材，防治孩子一些小毛病，感冒发烧，
"吃"对就好。

虾皮

牛奶

豆制品

燕麦

酸奶

虾皮、牛奶、豆制品、燕麦、酸奶都是优质的补钙食品，给孩子换着吃，保证孩子每天所需的钙含量。

补钙：长高壮身体

钙约占体重的2%，占了体内矿物质质量的40%，其中骨骼、牙齿中的钙占据体内总钙的99%。因此，给孩子补充充足的钙，牙齿才能更好，骨骼才能更强壮。而孩子所需要的钙，大多来自食物，比如牛奶、豆制品等，可以适当多给孩子吃这类含钙丰富的食物。

妈妈，你说的钙就藏在这个白色的汤里吗？我喝完就能找到了吧。

鲫鱼豆腐汤

钙 蛋白质 铁

⏰ 准备：10分钟　🍳 烹饪：30分钟　⚠ 难度：★★

🥄 准备好

- ☐ 鲫鱼1条
- ☐ 豆腐1块
- ☐ 食盐、葱花各适量

🍴 妈妈这样做

❶ 将鲫鱼处理干净，在鱼身两侧划几道花刀；豆腐洗净，切片，入沸水锅中焯水，捞出沥水。

❷ 油锅烧热，放处理好的鲫鱼煎至两面金黄，加适量水，大火烧10分钟，加豆腐片。

❸ 烧开后转小火炖10分钟，加入适量食盐、葱花调味即可。

茄汁大虾

准备：10分钟　　烹饪：15分钟　　难度：★★

准备好

- 大虾400克
- 番茄酱30克
- 食盐、白糖、面粉、水淀粉各适量

妈妈这样做

❶ 将大虾洗净，剪去虾须与尖角，挑去虾线，放入食盐抓匀，腌一会儿，再放入面粉抓匀备用。

❷ 油锅烧热，放入用面粉抓匀的大虾，中火炸至金黄，捞起。

❸ 锅内留底油，放入番茄酱、白糖、食盐、水淀粉和少量水烧成稠汁。将大虾放入锅内，小火翻炒均匀。

❹ 大虾翻炒变色后，大火收汁即可。

炸得酥酥的大虾，淋上酸酸甜甜的番茄酱，叫我如何抵抗得了。

轻松学
快速做
❶ 处理大虾 ➝ ❷ 炸大虾 ➝ ❸ 熬汁、炒大虾 ➝ ❹ 收汁

紫菜

鸭血

猪肉

猪肝

牛肉

紫菜、鸭血、猪肉、猪肝、牛肉是富含铁元素的明星食材，也是缺铁性贫血孩子很好的食疗食材。

补铁：预防孩子贫血

铁是血红蛋白的重要组成物质，它与血红蛋白是一对"完美搭档"，负责固定氧和输送氧，而胎儿从母体中获得的铁，只能提供出生后4~6个月的需求量，所以在给孩子添加辅食时，就要注意给孩子适当地吃些含铁量多的食物，防止孩子出现缺铁性贫血症状。

刚烧出来时会很烫，一定要慢慢吃，心急可吃不了热豆腐。

鸭血豆腐汤

铁 蛋白质

⏰准备：5分钟　🥄烹饪：10分钟　⚠️难度：⭐

🥄准备好

☐ 鸭血200克

☐ 豆腐1块

☐ 葱段、姜片、食盐、高汤各适量

🍴妈妈这样做

❶ 鸭血、豆腐分别洗净，切块，入开水锅焯水后，捞出沥干备用。

❷ 油锅烧热，放入姜片爆香，加入高汤，烧开后加入焯好的鸭血块、豆腐块，再次烧开后，加入食盐、葱段调味即可。

煎猪肝丸子

铁 维生素 蛋白质

⏰ 准备：1 小时　🥄 烹饪：15 分钟　⚠ 难度：★★★

🥄 准备好

- ☐ 猪肝 100 克
- ☐ 番茄 1 个
- ☐ 鸡蛋 1 个
- ☐ 洋葱、面包粉、干淀粉、水淀粉、番茄酱、食盐各适量

🍴 妈妈这样做

❶ 提前将猪肝放入水中浸泡 1 小时；番茄、洋葱分别洗净，去皮，切成丁备用。

❷ 猪肝、洋葱丁用料理机打碎后，倒入一个大碗中，打入鸡蛋，加入适量面包粉、干淀粉、食盐搅拌均匀成猪肝馅。

❸ 平底锅倒入适量油，烧至六成热时，将猪肝馅用勺子挖成一个个丸子放入平底锅中，转小火，煎至两面金黄，里面熟透，盛出沥油。

❹ 锅中留有底油，放入番茄丁翻炒至出汁，再倒入适量的番茄酱，撒少量食盐，加水烧开，倒入水淀粉勾薄芡，再倒入煎好的猪肝丸子，煮至汤汁浓稠即可。

妈妈这么做猪肝，好像吃不出来腥味了，好喜欢这种做法啊。

轻松学
快速做　❶ 处理食材 ⟶ ❷ 做猪肝馅 ⟶ ❸ 煎猪肝丸子 ⟶ ❹ 混合、勾芡、收汁

生蚝

螺蛳

牡蛎

牛肉

花生

生蚝、螺蛳、牡蛎、牛肉、花生都含有丰富的锌元素，可炖、可炒、可煮粥，妈妈可以根据孩子的喜好来选择烹饪方式。

补锌：保证孩子发育

锌是促进人体生长发育、智力发育的重要元素，对儿童、青少年的生长发育尤为重要。严重缺锌会导致侏儒症，一般儿童缺锌会出现：厌食、偏食、指甲上有白色絮点。可给孩子吃些贝壳类海产品、红色的肉类、动物的内脏、谷类胚芽、干果类等含锌量多的食物。

妈妈可以和我一起喝，这个汤不仅能补锌，还有美容的功效哦。

花生红枣汤

锌 蛋白质 碳水化合物

⏰ 准备：1 小时　🥄 烹饪：30 分钟　⚠ 难度：★★

🥄 准备好

☐ 花生仁 50 克

☐ 红枣 5 颗

☐ 白糖适量

🍴 妈妈这样做

❶ 提前将红枣、花生仁洗净，放入水中浸泡 1 小时。

❷ 将红枣切开，去核；锅中放适量水，放入浸泡好的花生仁、红枣，大火煮开，转小火熬至花生仁软烂，加白糖调味即可。

蒜香生蚝

锌 蛋白质

🕙 准备：10分钟　　🍳 烹饪：30分钟　　⚠ 难度：★★★

🥄 准备好

☐ 生蚝300克

☐ 粉丝、蒜末、姜末、蚝油、酱油、白糖、料酒、葱花、食盐各适量

🍴 妈妈这样做

❶ 生蚝用刷子刷干净；粉丝泡软备用。

❷ 油锅烧热，加入蒜末、姜末炒匀，再加入白糖、蚝油、料酒、食盐、酱油炒香成蒜蓉酱。

❸ 将泡软的粉丝均匀地放在生蚝上，铺上蒜蓉酱，放上葱花，放入蒸锅中，隔水蒸熟即可。

哇，生蚝的壳好大啊，都可以当作碗用了。

轻松学
快速做

❶ 处理食材 ➡ ❷ 做蒜蓉酱 ➡ ❸ 蒸生蚝

山楂

白萝卜

干香菇

橙子

话梅

山楂、白萝卜、干香菇、橙子、话梅都具有开胃的功效，而且鲜美的菌类和酸甜的食物很能刺激孩子的味蕾。

吃出好胃口

孩子有好胃口，才能摄入充足的营养，面对孩子不爱吃饭的问题，妈妈们可以这样做：三餐定时、定量；切忌暴饮暴食；多带孩子去户外活动；变换食物的种类，避免重复单调；注意食物之间的色彩、味道搭配。

这个饼外酥里嫩，加上酸酸的味道，第一次吃就爱上了。

山楂冬瓜饼

维生素 C 胡萝卜素 碳水化合物

准备：10 分钟　　烹饪：10 分钟　　难度：★

准备好

□ 山楂 5 颗
□ 牛奶、冬瓜、面粉、食盐各适量

妈妈这样做

❶ 山楂洗净，去核，切碎；冬瓜去皮，去瓤，洗净，切成丝备用。

❷ 将面粉、山楂碎、冬瓜丝混合在一起，加适量牛奶、食盐，搅拌均匀成面糊。

❸ 油锅烧热转小火，倒入面糊，用锅铲摊平，两面煎至金黄，盛出切块即可。

白萝卜泡菜

維生素 C　膳食纤维　钠

⏰ 准备: 10 分钟　🍳 烹饪: 10 分钟　⚠ 难度: ⭐

🥄 准备好

- ☐ 白萝卜1根
- ☐ 黄瓜1根
- ☐ 醋、白糖、食盐、葱花、香油各适量

🍴 妈妈这样做

❶ 提前将白萝卜、黄瓜洗净切成条备用。

❷ 取一个碗,放入适量食盐、白糖、醋、葱花搅拌均匀成调料汁。

❸ 将调料汁倒入白萝卜条和黄瓜条中,搅拌均匀,腌至白萝卜条和黄瓜条入味,淋上香油即可。

白萝卜好清甜呀,妈妈说我吃了以后吃饭就会香啦!

轻松学快速做　❶ 白萝卜、黄瓜切条 ⟶ ❷ 做调料汁 ⟶ ❸ 腌制

山药

番茄

红枣

蘑菇

薏米

山药、番茄、红枣、蘑菇、薏米都是提高孩子免疫力的佳品，爸爸妈妈可以搭配着做给孩子吃。

提高免疫力

孩子到3岁时，身体的免疫力也只有成人的80%，这就需要在家长帮助下，提高孩子的免疫力。爸爸妈妈们可以从下面几个方面入手：保证有规律的作息时间；让孩子多参加一些体育锻炼；多吃一些富含维生素C、矿物质等可以增强孩子免疫力的食物。

妈妈说，放点白糖是提鲜去苦的，可以代替味精使用。

口蘑炒油菜

蛋白质 维生素 C 胡萝卜素

⏰ 准备：10 分钟　🥄 烹饪：10 分钟　⚠ 难度：★★

🍴 准备好

- ☐ 口蘑6朵
- ☐ 油菜3棵
- ☐ 蒜片、姜末、食盐、酱油、白糖各适量

🍴 妈妈这样做

❶ 口蘑洗净，切成片；油菜洗净，切成段，放入开水锅中焯烫变软备用。

❷ 油锅烧热，爆香姜末、蒜片，放入口蘑片煸炒，加少量的酱油、白糖炒软。

❸ 放入油菜段翻炒，加适量食盐调味即可。

莴笋炒山药

🕐 准备：5 分钟　　🥄 烹饪：10 分钟　　⚠ 难度：★★

🥄 准备好

- □ 莴笋半根
- □ 山药半根
- □ 胡萝卜半根
- □ 食盐、白胡椒粉、白醋各适量

🍴 妈妈这样做

❶ 莴笋、山药、胡萝卜分别洗净，去皮，切长条，焯水，沥干。

❷ 油锅烧热，放入处理好的食材翻炒，加入白胡椒粉、白醋翻炒均匀，加入食盐调味即可。

用我最爱的米老鼠盘子装着，感觉菜都变好吃了。

轻松学快速做	❶ 处理食材	➡	❷ 食材炒熟调味

橙子

苹果

西蓝花

南瓜

猪脚

孩子这样吃，皮肤白又嫩

好的皮肤要从小养起，想让孩子的皮肤一直保持儿童时期的白嫩，从刚开始添加辅食时，就适量给孩子多吃些水果、蔬菜等富含维生素C的食物，还有一些富含胶原蛋白的食物。

橙子去皮后要及时吃掉，不然美白效果会变差哦。

这几种食物都是美容佳品，给孩子做营养餐的时候可以多做点，让妈妈和孩子一起拥有好皮肤。

香橙奶酪盅

维生素 C　碳水化合物　蛋白质

⏰ 准备：10 分钟　🥄 烹饪：10 分钟　⚠ 难度：⭐

🥄 准备好

□ 橙子1个
□ 奶酪布丁1个

🍴 妈妈这样做

❶ 在橙子的一头切横刀，用小勺挖出果肉，果肉去筋膜，撕碎备用，橙子皮留用。

❷ 在橙子皮内填入奶酪布丁与撕碎的橙肉，放入冰箱稍冷藏即可。

红烧猪脚

胶原蛋白 蛋白质

⏰ 准备：15 分钟　🥄 烹饪：1 小时　⚠ 难度：★★★

🍴 准备好

- ☐ 猪脚1个
- ☐ 葱花、姜片、老抽、料酒、冰糖、食盐、桂皮、八角各适量

🍴 妈妈这样做

❶ 猪脚洗净、刮毛，斩块后，入开水锅中焯烫后捞出备用。

❷ 锅里放植物油，放入冰糖，小火熬到溶化后，倒入猪脚块，翻炒至均匀上色。

❸ 加入老抽、葱花、姜片、八角、桂皮、料酒，翻炒至闻到香味后，挑出八角、桂皮，加入适量水，熬煮至猪脚块软烂，大火收汁，加入适量食盐调味即可。

哇，这个色泽，只是看着都直咽口水。

轻松学快速做　❶ 处理猪脚　⟶　❷ 熬冰糖上色　⟶　❸ 煮熟、调味

红薯

芹菜

麦片

南瓜

黄豆

一般加工越精细的食物，膳食纤维含量越少。红薯、芹菜、麦片、南瓜、黄豆等都是常见的膳食纤维含量较高的食物，便秘的孩子可以适量多吃。

便秘

孩子便秘常常是由于消化不良或者脾胃虚弱造成的，这和日常饮食有很大关系。爸爸妈妈平时应适量给孩子吃一些膳食纤维含量多的食物，还要引导孩子养成良好的排便习惯，不要让孩子长时间坐在马桶上。

妈妈在煮红薯甜汤时一定要注意用小火，不然会溢出来的。

红薯甜汤

膳食纤维 蛋白质 碳水化合物

⏰ 准备：5 分钟　🍳 烹饪：20 分钟　⚠ 难度：⭐

🥄 准备好

□ 红薯1个

□ 白糖适量

🍴 妈妈这样做

❶ 红薯洗净去皮，切丁。

❷ 锅中加适量水，放入红薯丁，大火煮开后，转小火炖至红薯软烂后，加白糖调味即可。

芹菜胡萝卜炒香菇

胡萝卜素 膳食纤维

⏰ 准备: 5 分钟　🥘 烹饪: 10 分钟　⚠ 难度: ★★

🥄 准备好

☐ 芹菜 100 克

☐ 鲜香菇 4 朵

☐ 胡萝卜 1 根

☐ 葱花、姜末、食盐各适量

🍴 妈妈这样做

❶ 芹菜择去老叶，洗净，切成小段；胡萝卜洗净，切成片；鲜香菇洗净，切成块备用。

❷ 油锅烧热，放入香菇块炸至表面皮皱，盛出沥油。

❸ 锅中留底油，放姜末、葱花爆香，放入芹菜段、胡萝卜片煸炒至八成熟，加入炸好的香菇块、食盐炒匀即可。

拉便便很费力就要多吃一些芹菜，还能锻炼牙齿呢。

轻松学快速做　❶ 处理食材　⟶　❷ 炸香菇块　⟶　❸ 食材炒熟、调味

胡萝卜

丝瓜

薏米

红枣

苹果

以上食物对孩子过敏有一定的预防和缓解作用,可以适量做给孩子吃。同时,在给孩子吃某种食物时,要注意观察孩子是否有过敏反应。

过敏

孩子过敏的原因可分为两大类:一是直接因素,包括过敏原、呼吸道病毒感染、化学刺激物;二是间接原因,比如天气、温差、情绪等。孩子过敏会出现很多症状,比如哮喘、湿疹等。孩子出现过敏情况时,家长不要惊慌,应及时就医,找到过敏原,定期复诊。

"一天一个苹果,疾病远离我",听妈妈的话,不会错。

苹果汁

苹果酸 维生素 C 碳水化合物

⏰ 准备:5 分钟　🥄 烹饪:5 分钟　⚠ 难度:★★

🥄 准备好

□ 苹果 1 个
□ 柠檬汁、蜂蜜各适量

🍴 妈妈这样做

❶ 苹果去皮,切成小块备用。

❷ 将苹果块放入料理机中,加入适量纯净水,榨汁,苹果汁倒出,根据孩子的口味加入蜂蜜和柠檬汁即可。

丝瓜金针菇

准备：5分钟   烹饪：10分钟   难度：★★

准备好

- ☐ 丝瓜1根
- ☐ 金针菇100克
- ☐ 食盐、水淀粉
  各适量

妈妈这样做

❶ 丝瓜洗净，去皮切条。

❷ 金针菇洗净，放入沸水中略焯。

❸ 油锅烧热，放入丝瓜翻炒，再放金针菇拌炒，熟后用食盐调味，用水淀粉勾芡即可。

丝瓜棒棒的，不仅可以预防过敏，还可以缓解咳嗽呢。

轻松学快速做
❶ 丝瓜洗净、切条 ⟶ ❷ 焯烫金针菇 ⟶ ❸ 炒熟、勾芡

腹泻

糯米

山楂

石榴

荔枝

板栗

山楂、石榴、荔枝、板栗都是孩子腹泻时可选用的食疗食材。爸爸妈妈平时可以把它们当零食给孩子吃，提前预防孩子拉肚子。

引起孩子腹泻的常见原因有：食物中毒、食物过敏、肠胃感染、消化不良等。爸爸妈妈要加强孩子的个人卫生管理，比如饭前、便后洗手；避免过敏食物；饮食有规律、有节制；限制果汁的量；给孩子接种疫苗。

荔枝虽然好吃，但空腹时不要食用哦，因为荔枝中含糖量很高，会刺激我们娇弱的胃。

荔枝粥

果胶 氨基酸 果糖 碳水化合物

🕐 准备：5分钟　　🍲 烹饪：30分钟　　⚠ 难度：⭐

🥄 准备好

☐ 荔枝5颗

☐ 粳米80克

🍴 妈妈这样做

❶ 荔枝剥皮去核；粳米淘洗干净。

❷ 将荔枝、粳米放入锅中，加入适量水，用大火烧开，然后改小火熬煮，待粳米粥稠后即可。

香甜糯米饭

碳水化合物 维生素

⏲ 准备：10 分钟　🍳 烹饪：30 分钟　⚠ 难度：⭐

🥄 准备好

- ☐ 糯米 100 克
- ☐ 豌豆、板栗、干香菇、胡萝卜、食盐、香油各适量

🍴 妈妈这样做

❶ 糯米、豌豆分别洗净；板栗、胡萝卜去皮，洗净切丁；干香菇泡发、洗净，切丁备用。

❷ 糯米放入锅中，加适量水煮开，加入豌豆、板栗丁、胡萝卜丁、香菇丁煮熟，加入适量食盐和香油调味即可。

吃了这个饭，我的肚子好像没有那么难受了，下次再也不乱吃东西了。

轻松学快速做	❶ 处理食材	→	❷ 所有食材煮熟、调味

百合

山竹

莲子

苦瓜

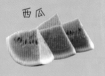

西瓜

上火

孩子的肠胃发育还不是很成熟，消化功能尚未健全，营养过剩、食物难以消化，容易造成食积化热而"上火"。爸爸妈妈在给孩子做营养餐时，应以清淡为主，注意荤素搭配，多吃些水果，尽量不吃辛辣、油腻、高热量的食物。

一杯山竹西瓜汁喝下去，肚子里的"大火"瞬间被浇灭啦。

孩子火气旺，给孩子吃些百合、山竹、莲子、苦瓜、西瓜这类清火的蔬果，可以有效防治孩子上火。

山竹西瓜汁

葡萄糖　果糖

⏲ 准备：5分钟　🥄 烹饪：5分钟　⚠ 难度：⭐

🥄 准备好

- ☐ 山竹2个
- ☐ 西瓜瓤200克

🍴 妈妈这样做

❶ 将山竹去皮、去核；西瓜瓤去子，切成小块。

❷ 将山竹、西瓜块放进榨汁机榨汁即可。

西芹炒百合

膳食纤维　钙　蛋白质

⏰ 准备：5 分钟　🍳 烹饪：10 分钟　⚠️ 难度：⭐

🥄 准备好

- ☐ 西芹200克
- ☐ 百合、食盐、枸杞子各适量

🍴 妈妈这样做

❶ 西芹洗净，去掉老筋，切小片；百合掰成小朵备用。

❷ 锅中放水烧开，将西芹片倒入焯1分钟后，捞出沥水；再将百合放入开水中，焯2分钟，捞出沥水。

❸ 油锅烧热，放入西芹片、百合和枸杞子翻炒，炒熟后加食盐调味即可。

"重口味"的菜不能经常吃，容易上火，还是吃"小清新"降降火吧。

轻松学快速做　❶ 处理西芹、百合　⟶　❷ 西芹、百合焯水　⟶　❸ 炒熟、调味

西瓜

梨

荷叶

甘蔗

白萝卜

西瓜、梨、甘蔗、白萝卜中含有大量的水分，很适合发热的孩子，荷叶更适合暑热的孩子。

发热

孩子发热时，消化能力减弱，新陈代谢加快，加速体内的营养物质和水分的消耗。这时，爸爸妈妈应给孩子补充充足的水分和营养，以流食为主，少食多餐；保持家里环境的舒爽；可以陪着孩子适当地到室外走动，但要到人少的地方。

我发热了，好难受，妈妈给我做点清淡的吧。

荷叶粥

维生素 C 生物碱

⏰准备：5 分钟　🥄烹饪：20 分钟　⚠难度：⭐

🥄准备好

- □ 鲜荷叶 1 张
- □ 粳米 100 克
- □ 冰糖适量

🍴妈妈这样做

❶ 鲜荷叶清洗干净，煎汤，去渣取汁。

❷ 粳米放入荷叶汤汁中，煮成稀粥，加冰糖调味即可。

凉拌西瓜皮

⏰ 准备: 1小时　🍳 烹饪: 5分钟　⚠ 难度: ★★

🍴 准备好

- ☐ 西瓜皮100克
- ☐ 红甜椒1个
- ☐ 食盐、白糖、醋
  各适量

🍴 妈妈这样做

❶ 提前将西瓜皮削去外面的翠衣, 洗净, 放容器中, 加食盐、白糖拌匀, 腌制1小时; 红甜椒洗净, 切小丁, 放开水中焯熟。

❷ 将腌软的西瓜皮切成丁, 用水略漂洗, 放入碗中。

❸ 碗中放入红甜椒丁, 淋上适量醋, 拌匀即可。

西瓜皮的营养价值很高, 吃完西瓜后, 不要再把瓜皮扔掉喽。

轻松学
快速做　　❶ 腌制西瓜皮　⟶　❷ 西瓜皮切丁　⟶　❸ 拌匀

姜

葱白

大蒜

红糖

橙子

姜、葱白、大蒜、红糖都属于温性食物，有发汗、驱寒、退热的功效，很适合风寒感冒的孩子食用。

感冒

　　感冒多发于秋冬，是孩子最常见的疾病，但不能因为常见就不重视。爸爸妈妈平时要注意：给孩子穿衣不要忽多忽少，注意保暖；帮助孩子养成良好的卫生习惯，在打喷嚏或者咳嗽时，用纸巾或者手绢来代替用手遮；少吃凉性的食物。

这碗汤适合像我这样风寒感冒的孩子吃，风热感冒不要吃哦。

生姜红糖水

碳水化合物　姜辣素

⏰ 准备：5 分钟　🥘 烹饪：10 分钟　⚠ 难度：★

🥄 准备好

☐ 姜 10 克

☐ 红糖 30 克

🍴 妈妈这样做

❶ 姜去皮、洗净，切丝备用。

❷ 锅中加一大碗水，放入姜丝，煮开后，放入红糖，用勺子搅拌均匀，大火煮 5 分钟即可。

陈皮姜粥

碳水化合物 橙皮素 姜辣素

⏰ 准备：1小时　🍳 烹饪：30分钟　⚠难度：★★

🥄 准备好

☐ 陈皮10克
☐ 姜丝10克
☐ 粳米50克

🍴 妈妈这样做

❶ 粳米淘洗干净，浸泡1小时。

❷ 锅内放入粳米、陈皮、姜丝，加水大火煮开后，转小火煲熟即可。

这个粥的香味好特殊啊，妈妈说那是陈皮的味道。

轻松学快速做　　❶ 浸泡粳米　⟶　❷ 熬粥

聪明孩子
需要的营养素

钙

形成骨骼和牙齿的主要成分，人体中钙含量的99%都在其中，它支撑着孩子的身体。

硒

可以提高红细胞的携氧能力，供给大脑更多的氧，有利于大脑的发育。

蛋白质

一切生命的物质基础，是机体细胞的重要组成部分。

锌

在核酸代谢和蛋白质合成中起重要作用，它是促进孩子生长发育的重要元素。

ARA

全称为二十碳四烯酸，孩子发育必需的营养素，可促进大脑发育，提高智力水平。

维生素A

对视力、上皮组织及骨骼的发育和孩子的生长都是必需的。

脂肪

三大产能营养素之一，可供给能量，并可提供必需脂肪酸和脂溶性维生素。

叶酸

对孩子的神经细胞与脑细胞发育，提高智力均有促进作用，还可以预防贫血。

牛黄酸

可以提高学习记忆速度，提高学习记忆的准确性。

维生素C

可以促进骨胶原的生物合成，促进牙齿和骨骼的生长，提高孩子的免疫力。

DHA

维持神经系统细胞生长的一种重要脂肪酸，是大脑和视网膜的重要构成成分。

α-亚麻酸

α-亚麻酸及其代谢物EPA、DHA约占人脑重量的10%，孩子缺乏α-亚麻酸，就会严重影响其智力和视力的正常发育。

碳水化合物

孩子维持生命活动所需能量的主要来源，维持大脑正常功能的必需营养素。

铁

合成血红蛋白的主要原料之一，血红蛋白可以输送氧到各个组织器官，并把组织代谢中产生的二氧化碳运输到肺部排出体外。

卵磷脂

生命的基础物质，可以促进大脑神经系统与脑容积的增长、发育，有效增强记忆力。

碘

合成甲状腺激素的重要原料，如果缺乏，首当其冲的则是对神经系统与智力发育的影响，导致不同程度的智力损害。

维生素D

维生素D的主要功能是调节体内钙、磷代谢，从而维持孩子牙齿和骨骼的正常生长和发育。

B族维生素

维生素B_1对神经组织和精神状态有良好的影响，维生素B_2能促进生长发育，保护眼睛和皮肤的健康，维生素B_{12}可预防贫血。

亚油酸

孩子必需的但又不能在体内自行合成的不饱和脂肪酸，它可以促进血液循环，促进新陈代谢。

乳清蛋白

是从牛奶中分离提取出来的蛋白质，含有人体所需的全部氨基酸。可以促进孩子生长发育，帮助肌肉及骨骼强壮，对疾病有较好的抵抗力。

让眼睛明亮的
黄色食物

胡萝卜素是自然界中最普遍、最稳定的天然色素。它被人体吸收后，可以转化成维生素A，维持孩子眼睛的明亮，保持皮肤的健康。

南瓜

南瓜漂亮的黄色主要是胡萝卜素的贡献，清香甘甜的南瓜，深受孩子喜爱。南瓜中的果胶还能保护胃黏膜，使肠胃免受粗糙食物的刺激。

小米

小米是五谷中最硬的，但遇水易化，含有胡萝卜素和满满的B族维生素。小米中的赖氨酸含量过低，所以要搭配其他食物一起吃，来提高蛋白质的营养价值。

杨桃

杨桃是产于热带、亚热带的水果，含有益健康的胡萝卜素。杨桃还是含水量很高的水果，孩子感到积热烦躁的时候吃一些杨桃，能够起到清凉润燥的作用。

柠檬

柠檬中含有丰富的柠檬酸，因此被誉为"柠檬酸小仓库"。柠檬不宜生吃，给孩子切一片柠檬泡水喝，能轻松获得丰富的维生素C。

菠萝

菠萝不仅含有胡萝卜素，还含有可以促进人体吸收蛋白质的菠萝蛋白酶，维生素C含量也很高。吃菠萝之前，要先在盐水里泡一泡。

过敏体质的孩子要慎吃。

枇杷

枇杷果含有丰富的胡萝卜素，但枇杷的种子有毒性，在给孩子吃的时候，注意不要误吞了哦。

橙子

橙子不仅酸甜爽口，且全身都是宝，每100克橙子含有高达160微克的胡萝卜素。橙子皮也不要丢掉，给孩子做成橙皮蜜饯，还能开胃健胃。

吃完橙子1个小时内不要喝牛奶。

杧果

杧果集热带水果精华为一身，被称为"热带水果之王"。黄色的杧果也富含胡萝卜素，维生素C的含量比橘子还要多哦。

胡萝卜

胡萝卜是含有胡萝卜素最多的植物之一，营养丰富，被称为"小人参"。要更好地吸收胡萝卜中的营养，最好做熟了再给孩子吃。

黄甜椒

黄甜椒成熟之后，胡萝卜素的含量更加丰富。黄甜椒开胃下饭，颜色艳丽，能增加孩子食欲，帮助消化。

肠胃功能较差的孩子不宜多食。

玉米

玉米含有胡萝卜素和维生素E，能够促进身体的新陈代谢，但吃太多会不容易消化。

香蕉

香蕉除了含有胡萝卜素外，还能给大脑带来平静快乐的化学成分——血清素，被称为"快乐的食物"。

番茄红素丰富的
红色食物

番茄红素是植物中所含的一种天然色素，是类胡萝卜素的一种，在成熟的番茄中含量很高。番茄红素是目前发现的最强抗氧化剂之一，能帮助孩子提高抗病能力。

苹果

苹果有"水果之王""智慧果""记忆果"的美称，颜色越红所含的番茄红素越丰富，孩子每天吃一个苹果可促进生长和发育。

草莓

草莓之所以为红色，也是因为里面含有番茄红素，常吃能促进肠胃蠕动，帮助孩子更好消化。

樱桃

樱桃果肉鲜美多汁，酸甜可口，其中的番茄红素含量比一般水果丰富，买回来的樱桃最好放冰箱冷藏。

番茄

番茄又称西红柿，番茄红素因最早从番茄中提取而得名。番茄酸酸甜甜的，每天吃1个，对增强孩子的抵抗力有帮助。

红甜椒

红甜椒又叫灯笼椒，其所含的番茄红素有抗氧化能力。红甜椒成熟度越高，维生素含量越丰富。

爱上火的孩子不宜多吃。

葡萄

葡萄的含糖量高达10%~30%，以葡萄糖为主。成熟的葡萄宜现买现吃，给孩子吃葡萄一次不能吃太多，10颗为宜。

低血糖时食用15~20颗葡萄即可缓解。

红肉西瓜

红肉西瓜含有较多的番茄红素，西瓜性寒，脾胃虚弱的孩子不宜多吃。

红心番石榴

红心番石榴不仅具有一般番石榴全部的营养价值，它还含有番茄红素，所以吃番石榴，首选红心番石榴。

石榴

石榴中维生素C的含量一般高于苹果，而脂肪、蛋白质的含量较少。孩子吃完石榴后一定要及时刷牙。

肠胃功能较差的孩子不宜多食。

西柚

西柚含有丰富的维生素C，是含糖分较少的水果，是"小胖墩儿"的加餐首选。

红枣

每100克干红枣含铁2.3毫克，但红枣中铁的吸收率不高，如果仅依靠红枣给孩子补铁是不够的。

让拉便便更顺畅的
绿叶菜

膳食纤维是人体必需的"第七营养素"，也被称为"绿色清道夫"。它能促进肠道蠕动，减少食物在肠道中停留的时间，让孩子拉便便更顺畅。

菠菜

菠菜中胡萝卜素的含量很高，孩子可以经常吃，但菠菜的草酸含量高，孩子正在吃钙片时，要忌吃或少吃。

芥菜

芥菜是野菜的一种，腌制过的芥菜有特殊的鲜香味，能够帮助孩子开胃，促进消化。

油麦菜

油麦菜看起来很像它的近亲莴笋，但其营养价值远高于莴笋，有"凤尾"之称。给孩子吃的油麦菜不要炒得太烂，新鲜香嫩的才好吃又营养。

茼蒿

茼蒿中含有特殊香味的挥发油，能够增加孩子的食欲，做肉汤的时候加一些茼蒿，孩子不仅吃得香，还有助于消化排便。

芹菜

芹菜中含有一种挥发油，所以有特殊的鲜香味道，是高膳食纤维的食物，能够抑制肠道细菌产生致癌物质。芹菜叶子是给孩子的补铁良品，不要毛掉哦。

不仅通便，吃了皮肤也会变好呢。

韭菜

韭菜所含的胡萝卜素、维生素C在蔬菜中处于领先位置，它能帮助抑制痢疾杆菌、大肠杆菌等有害的肠道细菌，保护孩子肠胃安全。

豌豆苗

豌豆苗是豌豆的嫩梢和嫩叶，清香脆爽。豌豆苗性凉，是夏季给孩子降燥的理想蔬菜，清凉又开胃。

放在通风地方保存，时间不要超过2天。

油菜

油菜新鲜香嫩，不仅是低脂肪的蔬菜，还含有丰富的膳食纤维，偏胖的孩子可以适量多吃。

生菜

生菜热量低，适合凉拌生吃，其所含有的甘露醇等成分，能够促进孩子身体的血液循环。

空心菜

空心菜含有大量膳食纤维，且维生素C和胡萝卜素的含量高，能增强孩子的免疫力，强健身体。

与肉类搭配食用，营养更容易吸收哦。

茼菜

茼菜含有丰富的维生素C和大量的膳食纤维，能帮助孩子的肠道排泄含有毒物质。

小白菜

小白菜的营养价值与白菜相似，是含矿物质非常丰富的蔬菜，可以经常为孩子选用。

给孩子优质蛋白的
白肉

蛋白质是构成机体组织、器官的重要成分。在孩子生长过程中，需要不断摄入蛋白质，来维持机体、骨骼的健康发育。

鲫鱼

鲫鱼汤味道鲜美，但鲫鱼小刺很多，不太适合孩子直接食用。可以用鲫鱼配合其他食材熬汤，让孩子喝汤并吃汤中的其他食物，如豆腐或蔬菜等。

鲢鱼

鲢鱼富含蛋白质及氨基酸，营养价值与青鱼相近。鲢鱼肉质细嫩但小刺较多，给孩子吃的时候要小心。

石斑鱼

石斑鱼不仅含有蛋白质和人体必需的氨基酸，还有各种微量元素与维生素。石斑鱼肉质细嫩，口感非常好，孩子一定会爱上这道美味的营养宝库。

草鱼

草鱼富含蛋白质、烟酸及B族维生素，且肉质肥嫩、鱼刺较少，更适合给孩子吃。

鳕鱼

鳕鱼蛋白质含量高，脂肪含量很低，只有0.5%。鳕鱼肉质不算十分细嫩，但很清爽，适合为孩子制作鱼丸、鱼肉饺子等。鳕鱼肝中富含维生素A和维生素D，鱼肝油大部分是从鳕鱼肝脏中提炼的。建议孩子不要食用鱼肝，以免造成维生素A和维生素D过量。

鳕鱼刺少，可把刺剔除再做。

黑鱼

黑鱼是乌鳢的俗称，又名乌鱼。每100克黑鱼中含蛋白质19.5克。黑鱼为肉食性鱼类，所以味道肥美、肉质细嫩。黑鱼多肉少刺，适合给孩子直接食用或制成鱼丸等。

黑鱼性寒，孩子不宜多吃。

鸭肉

鸭肉富含B族维生素，而且鸭油在动物脂肪中属于品质较好的种类，含有较多的不饱和脂肪酸。有些鸭子特别是填鸭的脂肪含量很高，为孩子选用时应多选择瘦肉部分。

鹅肉

鹅肉与鸭肉营养类似，脂肪的质量也较高。但鹅肉的肉质比鸭肉和鸡肉粗糙，在为年龄小的宝宝选用时可以切得稍碎，或制成肉末。

谚语："喝鹅汤，吃鹅肉，一年四季不咳嗽。"

鸽肉

养殖鸽肉蛋白质含量约为16%，与鸡肉的营养成分相当，但民间历来把鸽肉作为一种具有补益作用的食材，有"一鸽胜九鸡"的说法。鸽肉味道鲜美，易于消化吸收，是适合孩子食用的肉类。

带鱼

带鱼中含有多种不饱和脂肪酸，而且肥嫩少刺，孩子吃了也更容易消化吸收。

鸡肉

鸡肉是最常吃的肉类之一，其蛋白质含量较高，脂肪较低，还富含B族维生素。几乎适合各种烹调方法，物美价廉，可以为孩子多选用。

矿物元素丰富的
黑色食物

矿物质是人体所需的七大营养素之一，分为常量元素和微量元素。常见的常量元素有钙、磷、钾、钠等；常见的微量元素有铁、锌、碘、硒等。微量元素虽少，却给孩子的身体功能提供了活力，缺了任何一样，都可能影响孩子健康，导致疾病的发生。

西瓜子

西瓜子的蛋白质含量高于普通坚果，孩子每天吃1小把西瓜子，不仅补充了蛋白质，还得到丰富的铁、锌等微量元素。

黑木耳

黑木耳是一种菌类食物，含铁量大大高于白木耳。黑木耳还富含水溶性膳食纤维和木耳多糖，可以为孩子提供多种营养。

荸荠

荸荠俗称马蹄，与莲藕的营养成分类似，富含碳水化合物。荸荠口感脆脆的，甘甜清香，对孩子的牙齿和骨骼发育很有益处。

紫菜

紫菜中蛋白质的含量高于海带。同时紫菜跟海带一样，也富含碘和可溶性膳食纤维。紫菜可以用来为孩子做汤或做紫菜包饭。

黑枣

黑枣不是枣，它与柿子是近亲。黑枣除了富含钾、果胶等常见营养物质外，还含有较高的多酚类，多酚类具有抗氧化作用，有助于增强孩子的抗病能力。

黑枣煲汤、煮粥样样行。

乌鸡

乌鸡也称为乌骨鸡。乌鸡脂肪含量低，富含蛋白质。乌鸡中的矿物质含量高于普通鸡肉，其肉和骨中含有较多的黑色素，是传统的补益食品。

连着骨头炖汤，小火慢炖，营养价值更高。

黑芝麻

每100克黑芝麻中，就有780毫克的钙，还有含量丰富的磷、钾。孩子每天吃饭的时候，撒一些黑芝麻在米饭上，不仅能轻松获得钙质，还能增加食欲。

海带

海带有"海底庄稼"之称，富含碘、钙、硒等元素，也被称为"碘菜之王"。海带还富含可溶性膳食纤维，可以促进排便。

钙和铁的含量都远远超出同类食材。

海参

海参是传统的名贵食品。海参的蛋白质主要为胶原蛋白，所以烹调后的海参柔软富有弹性，很受孩子们的喜爱。另外，海参中含有海参多糖，对增强孩子的抵抗力有一定帮助。

黑米

黑米中的钾、磷含量比较丰富，但营养成分集中在黑色表皮上，不宜精加工。

黑豆

黑豆是大豆的一种，富含锌、铜、镁、钼、硒、磷等微量元素。每100克黑豆含有1377毫克钾，可以让孩子精神满满。

富含花青素的
紫色食物

花青素是广泛存在于植物中的天然色素。花青素有很强的抗氧化能力，它能保护人体组织免受自由基的损伤。对于孩子来说，花青素可以防止由于过度日晒所导致的皮肤损伤，还有助于消除眼睛疲劳，保护孩子视力。

蓝莓

蓝莓中有含量非常高的花青素、氨基酸、锌、钙，是现在越来越流行的健康食物。给孩子吃蓝莓一次不宜过多，否则可能引起腹泻。

桑葚

桑葚所含的花青素，是植物花青素中的优良品类。桑葚酸甜汁多，但不宜给孩子多吃，因为桑葚中的鞣酸会影响身体对钙的吸收。

黑加仑

黑加仑含有非常丰富的花青素、维生素C与各种微量元素，可以保护孩子的牙齿、坚固牙龈，还可以改善视力。

紫薯

紫薯颜色鲜艳、甜度高，很受孩子欢迎，也是优质花青素来源之一。经常食用，还能获取膳食纤维，保持孩子的肠胃健康。

紫米

紫米除了与白米一样富含碳水化合物外，还含有丰富的花青素，浸泡时，营养会随着水流失一些。所以在给孩子煮紫米粥时，加入浸泡的水一起煮，更营养哦。

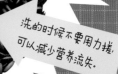

洗的时候不要用力搓，可以减少营养流失。

洋葱

洋葱含有微量元素硒，能够保持细胞活力和机体的代谢力。红色的洋葱含有花青素，洋葱鲜辣的气味，还可以引起孩子的食欲，促进肠胃消化。

妈妈在切的时候要注意哦，不小心就"哭了"。

紫苏

紫苏子含油量高达35%~65%，所榨出来的紫苏油含有丰富的α-亚麻酸，可以转化为EPA和DHA，被誉为"陆地上的深海鱼油"。

茄子

茄子的紫色皮含有丰富的维生素P和花青素，能够提高微血管对疾病的抵抗力。秋天过后的茄子性凉，脾胃较弱的孩子不宜多吃。

红心火龙果

红心火龙果的果肉呈紫红色，那是因为它富含花青素，红心火龙果含糖量中等，其黑色的小子中富含膳食纤维。

体重超标的孩子适当多选用红心火龙果。

紫甘蓝
紫甘蓝富含花青素和维生素C，所含的硫元素，可保护孩子使肤健康。

无花果

无花果富含糖分，其鲜果中含有16%的碳水化合物，而干果中含有77.8%的碳水化合物。可以用无花果干代替饼干给孩子作为加餐，既美味又营养。

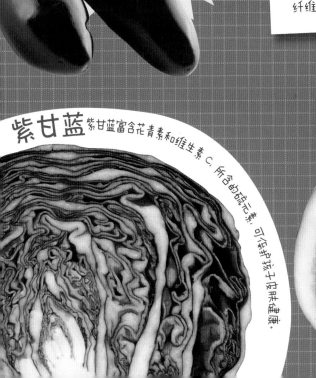

孩子最佳的补铁食物
红肉

铁元素是构成血红蛋白必不可少的元素之一，缺铁易引发缺铁性贫血。红肉富含铁质，是最常见的铁元素宝库，可以有效预防缺铁性贫血，帮助孩子维持正常的免疫功能。

牛肉

每100克牛肉中含蛋白质20.2克，脂肪2.3克，铁3.3毫克。牛肉的含铁量是猪肉的2倍左右，牛肉含有很多人体必需氨基酸，营养价值高。但烹煮后的牛肉肉质会变紧，孩子吃了不容易消化，烹饪时可以放1个山楂、1块橘皮，帮助牛肉熟烂。

兔肉

兔肉的铁含量比猪肉稍高，每100克兔肉含19.7克蛋白质，且肌纤维细嫩，极易被人体消化。

狗肉

狗肉的铁含量接近牛肉，蛋白质含量高，且质量极佳。偶尔给孩子吃些狗肉，可以强健身体，提高消化能力。

羊肉

每100克羊肉中含蛋白质20.5克,脂肪3.9克,铁3.9毫克,且富含钙、磷、B族维生素和丰富的左旋肉碱。孩子生病后,可以吃羊肉补益身体,冬天给孩子做一碗羊肉汤,可以强健机体,使孩子更加"耐冻"。

去除羊肉的筋膜再烹制,更易咀嚼。

鹿肉

鹿肉的营养成分与牛肉、羊肉等类似。中医认为,鹿肉性温,有很好的补益作用,且鹿肉蛋白质丰富,脂肪低于牛肉、羊肉,也是孩子可以选择的肉类。

猪肉

猪肉富含蛋白质和脂肪,其中每100克含铁1.6毫克,还含有丰富的钾、磷等元素。猪肉是最常见的肉类食物,肉质细软,孩子吃了容易消化吸收。

驴 肉 驴肉不仅富含骨胶原和钙质,每100克驴肉中铁含量也高达4.3毫克。

猪肉是孩子餐桌上最常见的肉类之一。

鱼类，
水中的营养宝库

鱼类肉质细嫩，脂肪含量低，孩子吃了不仅容易消化，还不易发胖。深海鱼类含有被称为"脑黄金"的DHA，是孩子大脑发育的营养宝库。

鲳鱼

鲳鱼也叫平鱼，是我们常见的鱼类。鲳鱼中含有18.5%的蛋白质和7.8%的脂肪。鲳鱼刺少而软，肉质鲜嫩，非常适合孩子食用。

金枪鱼

金枪鱼属于大型鱼类，其颜色类似牛肉，肉色暗红。金枪鱼富含蛋白质，低脂肪，脂肪中富含DHA，为孩子神经系统的发育提供重要原料。

三文鱼

三文鱼属于深海冷水鱼，富含DHA和EPA。每100克三文鱼中的DHA含量大约为1 430毫克。属于DHA含量较高的鱼类。

过敏体质谨慎食用。

沙丁鱼

沙丁鱼为细长的银色小鱼，以大量的浮游生物为食。除了DHA和EPA外，沙丁鱼还含有牛黄酸及硒等多种营养成分。

沙丁鱼清蒸、红烧、油煎均美味可口。

秋刀鱼

秋刀鱼属于高脂肪、高蛋白的海水鱼类，味道肥美，蒸、煮、煎、烤等烹调方式都适合。秋刀鱼脂肪中DHA和EPA的比例较高，有助于孩子大脑和视网膜的发育。

黄鱼

黄鱼含有丰富的维生素A、B族维生素及磷、铁、钙等微量元素，且鱼肉组织柔软，孩子吃了容易消化吸收。

烤食时，放些柠檬汁可以有效去腥。

鲈鱼

鲈鱼富含蛋白质、维生素A、钙、镁、硒等营养成分，孩子常吃可以补脑益智。

鳜鱼

鳜鱼含有蛋白质和钙、钾、镁、硒等营养元素，肉质细嫩，极易消化，对脾胃消化功能不太好的孩子来说，吃鳜鱼就不必担心消化困难了。

喝奶
长高个

牛奶是营养丰富的液体食物，被誉为"白色血液"。牛奶是人体钙的最佳来源，而且钙、磷比例非常适当，孩子喝牛奶更有利于钙的吸收。

脱脂奶

脱脂奶分为半脱脂奶（低脂奶）和全脱脂奶。半脱脂奶是去掉一半左右的脂肪，而全脱脂奶是去掉全部脂肪。对于年龄较小的孩子来说，完全使用全脱脂奶应慎重，以免造成营养不良。

奶昔

奶昔的成分与冰激凌类似。所以在为孩子选用奶昔时按冰激凌的量来吃就可以了。

炼乳

炼乳是鲜牛奶经脱水浓缩而成。以前炼乳用于代替母乳，随着食品加工、贮藏和运输技术的进步，目前很少给婴幼儿选用炼乳来作为奶的来源。炼乳主要用于制作面包、糕点、奶昔等。

奶油

奶油美味，深受孩子喜爱，但营养单一且能量较高。奶油中饱和脂肪酸的比例也较高，妈妈一定要控制孩子摄入奶油的量，以免体重超标。

黄油

黄油与奶油都是从奶中提取的脂肪，黄油的脂肪含量略高于奶油，达到98%。黄油可以偶尔代替植物油为孩子做菜，如煎牛排、煎鸡翅、烤面包等，让孩子体会到更多的风味。

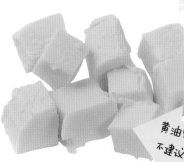

黄油饱和脂肪比例高，不建议用其代替植物油。

酸奶

酸奶拥有丰富的钙质，且由于发酵产生乳酸菌，比牛奶更易消化。尤其是乳糖不耐受的孩子，在补钙的黄金期，可以选择喝酸奶哦。

要注意，酸奶喝多了也会发胖。

羊奶

羊奶中蛋白质的含量为牛奶的一半，碳水化合物含量介于牛奶和母乳之间。所以羊奶比牛奶更容易消化吸收。年龄小的宝宝可以用羊奶代替牛奶。

脱脂奶粉

脱脂奶粉与全脂奶粉的区别就在于脂肪含量很低。适合年龄大些的超重或肥胖孩子选用。

年龄小的孩子不建议食用。

奶酪

奶酪是浓缩的奶制品，所以各种营养素的口味都大大胜高于牛奶。

鲜牛奶

鲜牛奶营养丰富，容易消化吸收，每升鲜牛奶可以提供1000~1200毫克的钙，是孩子生长发育所需钙质的重要来源。

多吃菌菇
不生病

菌菇鲜嫩滑润、风味独特，含有丰富的蛋白质、B族维生素以及钙、磷、铁等微量元素，可以调节孩子的新陈代谢，增强免疫力，让孩子少生病、不生病。

白玉菇

白玉菇含有的蛋白质较一般蔬菜高，还有氨基酸和丰富的B族维生素。白玉菇的膳食纤维和木质素，可以帮助孩子减少糖分的过多摄入。

草菇

草菇的维生素C含量高，能够促进新陈代谢，还能在孩子体内与铅、苯、砷等结合，使有害物质排出体外。

猴头菇

猴头菇含有多糖、多肽类物质，它能够帮助孩子消化，保护孩子的肝脏。

干香菇

干香菇含有鲜品中没有的维生素D，这是因为鲜香菇中含有的麦角固醇经日晒后转化为维生素D_2，是我们日常膳食中维生素D的一个来源。

与鲜香菇比起来，干香菇的香味更加浓郁。

杏鲍菇

杏鲍菇营养丰富，菌体肥厚，被誉为"真菌皇后"。杏鲍菇含有人体必需的8种氨基酸和丰富的微量元素，能帮助孩子强健身体。

选择菌盖光滑有光泽，菌柄鲜嫩的购买。

平菇

平菇是我们餐桌上常见的菌类食物之一。它富含水分，除了有与一般蔬菜相似的营养成分以外，还含有多糖类物质和较多的可溶性膳食纤维。平菇的柄比较硬，年龄小的孩子可以多选择伞盖部分。

金针菇

金针菇含有维生素B₂、维生素C及人体必需的8种氨基酸，锌的含量也比较高。吃金针菇可以帮助孩子消化，代谢蛋白质与维生素。

口蘑

口蘑含有十分丰富的磷、钾、镁、硒和维生素E，春秋季节妈妈可以适当多做一些给孩子吃，可帮助孩子增强抵抗力。

蟹味菇

蟹味菇含有丰富的维生素和17种氨基酸，能增进孩子食欲，提高免疫力。

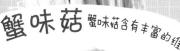

鸡腿菇

鸡腿菇因形似鸡腿而得名。鸡腿菇含有较多的膳食纤维，可以帮助孩子保持大便通畅。

根茎菜，
瞬间能量满满

每100克根茎类蔬菜可提供79~100千卡的热量，而一般的蔬菜只能提供10~41千卡热量。所以，根茎菜能让孩子能量满满、精力充沛。

芋头

芋头中的碳水化合物有17%左右，B族维生素和微量元素也很丰富。秋天给孩子吃香香的蒸芋头，可以为冬天储备满满的能量。

百合

百合富含淀粉、蛋白质及钙、磷、铁等微量元素。干百合可以用来给孩子熬粥，鲜百合可以炒菜或直接蒸食。

茭白

茭白不仅含有碳水化合物、蛋白质和膳食纤维，还有赖氨酸等17种氨基酸，被称为"水中人参"。吃茭白可以帮助孩子清热通便。

荸荠

荸荠清香脆甜，含有维生素C和丰富的钾元素，可以直接削皮给孩子吃。

慈姑

慈姑的主要成分是淀粉，除了充足的热量外，还有十分丰富的维生素B12。给孩子做慈姑一定要保证熟透，生慈姑会让咽喉感到不舒服。

慈姑虽好吃，但不可多食。

莴笋

莴笋含有丰富的B族维生素、膳食纤维和钾、钙、磷等微量元素。莴笋清甜爽口，还能促进孩子骨骼、毛发的生长发育。

土豆

土豆是最常食用的根茎菜，除了能给孩子提供热量外，还含有丰富的B族维生素和维生素C。土豆不仅有助于消化，还能给孩子带来"快乐能量"。

发芽的土豆最好不要给孩子吃。

薤白

薤白含有钙、磷、铁等微量元素。薤白还有一定的药用价值，能够增进孩子食欲，帮助消化。

洋葱

洋葱除了含有蛋白质外，钙、铁、硒的含量也很丰富。炒菜的时候放一些洋葱调味，不仅能勾起孩子的食欲，还有发汗的作用，能够预防感冒。

紫皮洋葱虽然较辛辣，但营养价值较高。

莲藕

莲藕含有丰富的铁和维生素C。脾胃虚寒的孩子不宜吃生藕。

山药

山药含有较高的热量，还有18种氨基酸和丰富的微量元素。秋天给孩子吃山药，能够提高免疫力，让孩子的手脚"暖"起来。

面食，
十个孩子九个爱

面食的主要营养成分有蛋白质、脂肪、碳水化合物等。孩子吃面食更易于消化吸收，还有改善贫血、增强免疫力、平衡营养等益处。

面包

面包以小麦粉为原料，五谷、鸡蛋、酵母等为辅料，拥有丰富而均衡的营养。面包香而松软，还可以做成三明治、汉堡等食物，深受孩子喜爱。

春卷

春卷以干面皮包住馅心，经过煎、炸而成，含有蛋白质、少量维生素及钙、钾、镁、硒等微量元素。春卷经过煎炸后热量较高，不宜经常给孩子吃。

面条

面条含有丰富的碳水化合物，能提供充足的能量。给孩子做面条可以选择细面和薄薄的刀削面。面条柔软，容易消化，大大减少了孩子肠胃疾病的发生。

馒头

馒头中含有酵母，酵母被营养学家称为"取之不尽的营养源"。早餐给孩子添加1个馒头，在提供能量的同时，还能促进钙的吸收。

馄饨

馄饨的皮比饺子更薄，煮过的馄饨更加柔软，肉馅也更容易消化，小一些的孩子也可以吃哦。

馄饨较小，要小心孩子误吞。

煎饼

煎饼多以粗粮制成，可以促进孩子的肠道蠕动，有益于消化。煎饼通常比较筋道，孩子可以通过嚼食锻炼巩固牙齿。

花卷

花卷主要含淀粉，还含有钙、铁、磷、钾、镁等矿物质。花卷里还可以添加一些小葱和白胡椒粉增香，孩子更爱吃。

经常吃些粗粮，孩子更健康。

通心粉

通心粉是一种以小麦为原料的食品，含有较高的钾、硒等微量元素。通心粉配上番茄酱，不仅营养丰富，而且大人孩子都爱吃。

烧卖

烧卖起源于包子，但面皮没有经过发酵，烧卖里能够塞入各种各样的美味馅料，不仅能够满足孩子的各种喜好，还能帮助营养的全面摄入。

水饺

水饺皮薄、肉馅丰富，是一款深受孩子欢迎的传统食品。饺子的馅料要做到荤素搭配，营养均衡，吃起来才更健康。

汤圆

传统芝麻馅的汤圆含有丰富的能量、维生素E和钙，对孩子身心健康有益。

包子

包子除了有和馒头相同的营养价值外，还可以包裹馅料，肉馅、豆沙和蔬菜等美味的馅料让包子的营养丰富而均衡。

豆豆
总动员

豆类按营养成分可分为大豆类和杂豆类。大豆类及其制品中蛋白质和脂肪含量丰富，其营养特点与肉、蛋、奶等动物性食物类似。而其他豆类（也叫杂豆类），如红豆、绿豆、芸豆、蚕豆、豌豆等豆类中碳水化合物含量较高，蛋白质含量中等，脂肪很低，与谷类非常类似。可以为孩子选择各种豆类及其制品，提供多样均衡的营养。

绿豆

绿豆的蛋白质含量是粳米的3倍，夏天为孩子熬一碗绿豆汤，不仅能补充蛋白质和钙、铁、磷等微量元素，还能清热消暑。

黑豆

黑豆也叫黑大豆，其营养成分与黄豆非常相似。黑豆的特点是黑色表皮中含有较多的花青素，可以为孩子提供更多样的营养。

蚕豆

蚕豆中含有钙、锌、锰和丰富的胆碱，可以强健孩子大脑，增强记忆力。蚕豆既可以炒菜，也可以做成小零食，深受孩子喜爱。

芸豆

每100克干芸豆含蛋白质22~23克，芸豆含钙高，与黄豆类似。给孩子做芸豆一定要煮熟透，否则会有一定的毒性。

绿豆芽

绿豆发芽后，部分蛋白质会分解为各种人体所需的氨基酸。绿豆芽比绿豆营养更加丰富，孩子吃了不仅可以解毒消热，还能清洁牙齿呢。

加少量醋食用有助于保存维生素C。

豇豆

豇豆为孩子的身体提供了易于消化的蛋白质，豇豆所含的B族维生素还能够促进肠胃蠕动。

黄豆芽

黄豆芽在发芽4~12天内维生素C含量最高，是一款天然健康的"如意菜"。吃黄豆芽能够促进孩子的生长发育，还能预防贫血。

扁豆

扁豆的干子中含有22.7%的蛋白质和丰富的B族维生素，扁豆的嫩荚也是营养丰富的日常蔬菜，颜色翠绿的扁豆能令孩子胃口大开。

豌豆

豌豆富含赖氨酸，能够促进孩子的生长发育，调节中枢神经。豌豆中还含有较丰富的膳食纤维，能够帮助孩子调理胃肠功能。

吃扁豆的嫩荚要及时，老了可就不适合连荚食用了。

黄豆

黄豆被称为"植物肉"，黄豆还富含大豆卵磷脂，孩子吃了更聪明。

红豆

红豆富含蛋白质以及维生素B_1、维生素B_2，将红豆做成孩子爱吃的红豆沙，可以强健孩子脾胃。

坚果，
孩子的健康零食

坚果中不仅含有丰富的蛋白质，还是人体必需脂肪酸的重要来源。每天吃1小把坚果，能够给孩子大脑、身体发育提供丰富营养。

西瓜子

西瓜子含有丰富的油脂、不饱和脂肪酸，可帮助孩子健胃通便。西瓜子还能清肺化痰，滋润肺部。

夏威夷果

夏威夷果的含油量接近70%，而蛋白质含量达9%，还有丰富的B族维生素与氨基酸，能够强健孩子的大脑，提高身体免疫力。

葵花子

葵花子含丰富的不饱和脂肪酸、维生素E及维生素B，能提高孩子免疫力。葵花子是最常见的休闲小零食，但一次吃太多容易上火。

开心果

开心果含有非常丰富的蛋白质、维生素C、维生素E，而且脂肪含量高，吃的时候让孩子自己剥壳，可以控制脂肪的摄入。

花生

花生含有维生素E和一定量的锌，能增强记忆力，促进脑功能发育。花生脂肪含量高，容易产生饱腹感，因此一次不要吃太多。

花生红衣也要一起吃哦。

腰果仁

腰果仁含蛋白质高达21%，维生素B，的含量仅次于花生，还含有丰富的维生素A。腰果除了油炸，还可以制作成糕点，孩子爱吃又营养。

过敏体质的孩子慎食。

板栗

板栗是富含碳水化合物的坚果，100克新鲜板栗中碳水化合物为40.5克，而脂肪只有0.7克。板栗的味道甘甜芳香，可以掺在白面或玉米面中给孩子作为主食；也可以代替饼干、面包等作为孩子加餐食用。

核桃

核桃营养丰富，每100克含脂肪58.8克，其中71%为亚油酸，12%为亚麻酸，对大脑神经十分有益。每天给孩子吃2~3颗核桃，可以强健大脑。

每天2~3颗，不可贪多哦。

甜杏仁

甜杏仁含有丰富的单不饱和脂肪酸，有益于孩子的心脏健康，还有润肺、止咳的功效。甜杏仁可以作为零食吃，也可以放进蛋糕等甜点中。

松子

松子富含亚麻酸、亚油酸等多不饱和脂肪酸，钙、磷等微量元素含量也很丰富。

榛子

榛子含有较多的膳食纤维，再加上榛子富含脂肪，经常适当吃些榛子具有润肠通便的作用。容易便秘的孩子可以选用。

五谷杂粮巧搭配，
补偿 B 族维生素

五谷杂粮是用来给孩子作为主食的。五谷杂粮的主要营养是碳水化合物，可以为孩子提供能量。另外，五谷杂粮中还含有蛋白质、膳食纤维、B族维生素、维生素E、钾、镁等营养素。

黄豆

黄豆内含有丰富的B族维生素，还有钙、磷、铁等微量元素。经常给孩子准备一杯温温的豆浆，能提高孩子免疫力，让力更充沛。

薏米

薏米中含有丰富的维生素E和B族维生素，既可以煮汤，还可以做成可口的薏米红豆粥。薏米用温水浸泡2~3小时，再煮就容易熟烂了。

黑芝麻

黑芝麻含有丰富的不饱和脂肪酸、膳食纤维和花青素。黑芝麻含钙量也很高，100克黑芝麻的钙含量将近800毫克。给孩子做豆浆时加些黑芝麻可以提升豆浆的口味及营养。

高粱

高粱富含蛋白质、铁、B族维生素，不仅营养，还可以入药。孩子消化不良时，可以熬一碗小米高粱粥。

燕麦

燕麦富含镁和维生素B，还有多种微量元素。早餐给孩子准备一杯牛奶泡燕麦，尤其在春季，能增加对流感的抵抗力。

每天吃50克就够了。

红薯

红薯含有丰富的膳食纤维以及胡萝卜素、B族维生素、维生素C。煮米饭时加一些红薯，就能简简单单获取均衡营养。

红薯中含有"气化酶"，吃多了会肚子胀。

粳米

粳米属于大米的一种，其碳水化合物含量达到77%，是一种精白米。其他营养素就相对少于粗杂粮，给孩子选粳米不用太"精"，糙米所含的营养价值更高。

荞麦

荞麦中的维生素B_1含量远高于粳米，铁、锰、锌等微量元素也比精制谷物丰富。荞麦所含的膳食纤维是一般精制粳米的10倍，胃口好的偏胖孩子可以多把荞麦作为主食。

小米

小米中的维生素B_1含量比粳米高，还含有胡萝卜素。小米加粳米熬粥可以养胃，对肠胃不好的孩子很有益处。

莲子

莲子营养价值很高，所含的磷是构成孩子牙齿、骨骼的重要组成部分。莲子加粳米煮粥，能提高孩子的免疫力。

搭配其他谷物一起吃，营养更全面。

玉米

玉米含有丰富的烟酸，能够帮助孩子代谢蛋白质、脂肪和碳水化合物。

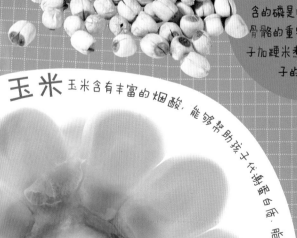

南瓜

南瓜富含碳水化合物，还含有较多的胡萝卜素和可溶性膳食纤维，是营养非常丰富的食物。南瓜加糯米粉做成南瓜饼，再塞一些红豆沙馅，让孩子爱不释口。

图书在版编目（CIP）数据

儿童营养餐一本就够 / 李宁 , 慧慧主编 .— 南京：江苏凤凰科学技术出版社，
2017.03（2024.01 重印）
（汉竹·亲亲乐读系列）
ISBN 978-7-5537-7974-4

Ⅰ.①儿… Ⅱ.①李… ②慧… Ⅲ.①儿童 – 保健 – 食谱 Ⅳ.① TS972.162

中国版本图书馆 CIP 数据核字 (2017) 第 013012 号

中国健康生活图书实力品牌

儿童营养餐一本就够

主　　　编	李　宁　慧　慧
编　　　著	汉　竹
责 任 编 辑	刘玉锋　姚　远
特 邀 编 辑	陈　岑
责 任 校 对	仲　敏
责 任 监 制	刘文洋

出 版 发 行	江苏凤凰科学技术出版社
出版社地址	南京市湖南路 1 号 A 楼，邮编：210009
出版社网址	http://www.pspress.cn
印　　　刷	合肥精艺印刷有限公司

开　　　本	720 mm × 1 000 mm　1/16
印　　　张	16
字　　　数	240 000
版　　　次	2017 年 3 月第 1 版
印　　　次	2024 年 1 月第 24 次印刷

标 准 书 号	ISBN 978-7-5537-7974-4
定　　　价	39.80 元

图书如有印装质量问题，可向我社印务部调换。